GÉOMÉTRIE ANALYTIQUE.

C.

GÉOMÉTRIE ANALYTIQUE

A DEUX DIMENSIONS;

COMPLÉMENT DU

COURS DE MATHÉMATIQUES,

A L'USAGE

DE L'ENSEIGNEMENT MOYEN,

PAR

J.-L. Wezel,

DOCTEUR EN SCIENCES, PROFESSEUR DE MATHÉMATIQUES SUPÉRIEURES A L'ATHÉNÉE
ROYAL D'ANVERS.

LOUVAIN,

CHEZ VANLINTHOUT ET Cie,

IMPRIMEURS-LIBRAIRES DE L'UNIVERSITÉ CATHOLIQUE.

1854.

Les formalités prescrites par la loi ont été remplies.

AVERTISSEMENT.

Ce complément de mon *Cours de Mathématiques* est un exposé rapide des principes de la Géométrie analytique plane, jusqu'aux limites des Calculs différentiel et intégral.

L'exiguïté du volume semble en opposition avec un programme aussi étendu; mais j'ai employé comme moyens de condensation une rédaction concise, un classement économique des matières et quelques voies plus courtes que les chemins battus.

Pour ce qui concerne la disposition des matières, j'ai traité les propriétés des coniques simultanément, au lieu d'en faire trois livres distincts. Cet ordre m'a procuré une économie de moitié dans les développements, et il est d'ailleurs conforme à l'esprit de l'Analyse géométrique, qui se compose d'un petit nombre de méthodes générales.

Parmi les procédés que je crois nouveaux, je citerai celui pour obtenir les équations des sections planes des surfaces de révolution (Ch. XVI) et celui pour la détermination des asymptotes (Ch. XVIII).

Je dois mentionner aussi la discussion de l'équation du second degré à deux variables (Ch. XVII). J'ai traité cette matière en une douzaine de pages, de la manière la plus complète, sans supposer, comme on le fait ordinairement, dans la réduction de l'équation que les axes primitifs sont rectangles. L'exposition tronquée de la même théorie occupe de trente à quarante pages dans les traités de Géométrie analytique de Biot, de Bourdon et de Lefébure.

Les partisans de la méthode infinitésimale trouveront dans les notes l'application de cette méthode à la démonstration des propriétés les plus saillantes de la cycloïde, de la spirale d'Archimède et de la spirale logarithmique.

Quelques uns des exercices énoncés à la fin du volume pourront paraître difficiles; mais je suis prêt à donner des explications à cet égard.

TABLE DES MATIÈRES.

GÉOMÉTRIE ANALYTIQUE.

INTRODUCTION.

APPLICATION DE L'ALGÈBRE A LA GÉOMÉTRIE ÉLÉMENTAIRE (1).

1.

Pour résoudre un problème de Géométrie par le secours de l'Algèbre, on représente par des lettres les valeurs numériques des données et des inconnues de la question, puis on cherche à établir entre ces quantités autant d'équations qu'il y a d'inconnues, en s'appuyant sur les conditions de l'énoncé et sur les principes de la Géométrie. Le système d'équations trouvé, sa résolution fournira les valeurs des inconnues.

La mise en équation exige souvent l'intervention d'une ou de plusieurs inconnues auxiliaires, et c'est dans le choix le plus convenable de ces quantités que réside ordinairement la plus grande difficulté du problème.

Pour démontrer un théorème de Géométrie par l'emploi de l'Algèbre, il faut poser, par les principes, des équations entre les quantités de l'énoncé et une ou plusieurs quantités auxiliaires. *Le nombre des équations doit surpasser de l'unité celui des auxiliaires*, et en éliminant toutes ces quantités du système, on aura la relation à établir.

Ces indications préliminaires, forcément vagues et obscures, seront éclaircies par des exemples.

(1) Cette introduction est un complément de la Géométrie élémentaire.

C'est à VIÈTE, célèbre géomètre français, qui florissait vers la fin du seizième siècle, que l'on doit les règles générales pour l'emploi de l'Algèbre dans la Géométrie. Avant lui on s'était borné à l'usage des proportions et à quelques équations numériques (Voyez *Montucla*, Histoire des mathématiques, I, p. 604).

2.

Lorsque les inconnues d'un problème sont des lignes droites et que les formules qui en expriment les valeurs sont rationnelles ou qu'elles ne renferment que des radicaux du second degré, ce qui suppose que le problème est réductible au premier ou au second degré, on peut *construire* les lignes cherchées avec la règle et le compas et obtenir ainsi une *solution graphique* de la question.

Ces constructions peuvent être ramenées à un petit nombre de règles que nous allons d'abord exposer.

Pour ce qui concerne la mise en équation des problèmes, elle varie avec l'état de la question et elle n'est pas susceptible de généralisation.

3.

La construction d'une ligne par une formule exige avant tout que l'équation soit *linéaire*.

Dans la résolution du problème, on substitue aux lignes leurs *valeurs numériques* ou leurs *rapports* à une même *mesure* ou *unité*, telle que le mètre, par exemple; en sorte que les équations ne renferment que des nombres abstraits.

Il s'agit d'abord de revenir de ces nombres aux lignes qu'ils représentent.

Soit, par exemple, l'équation

$$x = ab,$$

dans laquelle x, a et b désignent les rapports de trois lignes à une mesure quelconque. Si on représente par x', a', b' les lignes correspondant aux nombres et par m la mesure, on aura évidemment

$$x = \frac{x'}{m}, \qquad a = \frac{a'}{m}, \qquad b = \frac{b'}{m},$$

et en introduisant ces valeurs dans la première équation, on trouvera

$$\frac{x'}{m} = \frac{a'}{m} \cdot \frac{b'}{m}.$$

Rien n'empêche d'employer les lettres x, a, b pour représenter dans cette nouvelle équation les lignes dont elles exprimaient les valeurs dans l'équation primitive, et alors on peut supprimer les accents inutiles, ce qui donne

$$\frac{x}{m} = \frac{a}{m} \cdot \frac{b}{m},$$

ou en réduisant

$$mx = ab.$$

Cet exemple montre déjà suffisamment la règle à suivre :

Pour passer d'une équation numérique à l'équation linéaire correspondante, il faut souscrire la mesure des lignes à chacune des lettres (1).

Soit pour second exemple l'équation

$$ax' + bx = c.$$

En y appliquant la règle, on obtient

$$\frac{ax^2}{m^3} + \frac{bx}{m^2} = \frac{c}{m},$$

$$ax^2 + bmx = cm^2.$$

Prenons encore la formule

$$x = 3 + \sqrt{\left(a + \frac{b}{c} \right)}.$$

Elle fournit

$$\frac{x}{m} = 3 + \sqrt{\left(\frac{a}{m} + \frac{b:m}{c:m} \right)} = 3 + \sqrt{\left(\frac{a}{m} + \frac{b}{c} \right)},$$

$$x = 3m + \sqrt{\left(am + \frac{bm^2}{c} \right)}.$$

4.

On dit qu'une équation est *homogène* lorsque tous ses termes sont de même *dimension*, ou de même *degré*, ce qui signifie qu'ils ont le même nombre de facteurs littéraux ; on suppose que l'on a fait disparaître les radicaux et les dénominateurs.

Les équations linéaires auxquelles on est conduit par la rè-

---

(1) Cette règle a déjà été exposée dans la Trigonométrie pour le rétablissement du rayon dans les formules (*Trig.* § 23).

gle du num. précédent, sont toujours homogènes. Tels sont visiblement les résultats

$$mx = ab,$$
$$ax^2 + bmx = cm^2$$

de nos deux premiers exemples. Quant au troisième résultat obtenu

$$x = 3m + \sqrt{\left(am + \frac{bm^2}{c} \right)},$$

en chassant le radical et le dénominateur, on trouve successivement

$$x^2 - 6mx + 9m^2 = am + \frac{bm^2}{c},$$
$$cx^2 - 6cmx + 9cm^2 = acm + bm^2,$$

équation dont tous les termes sont de la troisième dimension.

Il est facile de reconnaître que cette homogénéité se produira toujours. En effet, on peut toujours admettre qu'avant l'application de la règle on ait débarrassé, s'il était nécessaire, l'équation de ses radicaux et de ses dénominateurs. Alors si on désigne par n le nombre des facteurs littéraux du terme qui en renferme le plus, ce terme prendra le dénominateur m^n, qui disparaîtra quand on multipliera toute l'équation par m^n, en sorte que le terme passera sans altération dans l'équation linéaire. Tous les autres termes atteindront également la n^e dimension par l'adjonction du facteur m suffisamment répété. Car un terme dont la dimension primitive est $n-p$ prendra le dénominateur m^{n-p}, puis il sera multiplié par le dénominateur commun m^n, de manière qu'il sera finalement multiplié par $m^n : m^{n-p} = m^p$.

L'homogénéité est d'ailleurs un caractère commun à toutes les équations linéaires. Tous les principes de la Géométrie sont homogènes; car ils expriment généralement des égalités de lignes, ou de sommes ou de différences de lignes ou de leurs produits par des nombres, ou des égalités de rapports.

L'équation du carré de l'hypoténuse et les principes analogues (*Géom.* Liv. II, chap. VI) sont eux mêmes issus de proportions.

5.

Lorsque l'équation numérique proposée est homogène, la construction n'exige aucune préparation, et on considère immédiatement les lettres comme désignant des lignes. Les longueurs cherchées sont alors indépendantes de l'unité, qui disparaît dans la réduction, lorsqu'on cherche à l'introduire par la règle du num. 3. Par exemple, tous les termes de l'équation

$$x^2 + ax = bc$$

prendraient le dénominateur m^2, et en le supprimant on retomberait sur l'équation primitive. Il est clair qu'il en sera de même pour toute équation homogène.

Les équations des problèmes sont ordinairement homogènes; elles ne sont hétérogènes que quand une des lignes de la question a été prise pour unité.

6.

Nous terminerons ce qui concerne l'homogénéité en faisant remarquer que l'on peut également l'estimer sans chasser ni les radicaux ni les dénominateurs. Dans cette appréciation le degré d'une fraction est égal à la différence des degrés du numérateur et du dénominateur, et le degré d'un radical est égal au degré de la quantité sous le radical divisé par l'indice. Ainsi la dimension du terme.

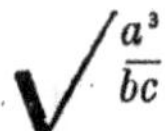

$$\sqrt{\frac{a^3}{bc}}$$

est égale à $\frac{1}{2}$. On s'assurera sans peine que ce mode d'évaluation répond à la définition de l'homogénéité (4).

7.

La construction des équations linéaires des deux premiers degrés peut être ramenée aux quatre types suivants :

$$[1] \qquad x = \frac{ab}{c},$$

1.

$$[2] \qquad x = \sqrt{ab}$$
$$[3] \qquad x = \sqrt{a^2 + b^2}$$
$$[4] \qquad x = \sqrt{a^2 - b^2},$$

dans lesquels les lettres a, b, c désignent des droites données et x une droite cherchée. Les deux premières équations suffisent à la rigueur ; car les deux dernières pourraient être déduites des deux autres ; seulement le procédé serait plus long.

On aperçoit sans peine le lien qui unit l'inconnue aux données dans chacune des relations.

L'équation [1] pouvant être mise sous la forme

$$c : a = b : x,$$

on voit que x est une 4e proportionnelle entre c, a et b, dont la construction a été donnée dans la Géométrie (*Géom.* § 104). Le problème peut encore être traité par d'autres procédés et notamment par les deux suivants qui peuvent être substitués avantageusement au premier.

On porte sur les côtés d'un angle A (*fig.* 1), à partir du sommet, AB$=c$, AC$=a$ et AD$=b$; on joint BD et on mène CX parallèle à BD. On a ainsi AX$=x$; car on a la proportion (*Géom.* § 99) AB : AC$=$AD : AX ou $c : a = b :$ AX.

Une troisième méthode consiste à prendre sur une droite indéfinie à partir d'un point A (*fig.* 2) deux distances AB$=c$, AC$=a$, à mener par le point B une autre droite indéfinie BD sous un angle ABD quelconque; à faire BD$=b$; à joindre A et D par une 3e droite indéfinie et à mener CX parallèle à BD. On a ainsi CX$=x$, à cause de la proportion (*Géom.* § 106) AB : AC$=$BD : CX, ou $c : a = b :$ CX.

Dans l'équation [2] x est une moyenne proportionnelle entre a et b, problème qui se résout également par trois méthodes principales (*Géom.* § 198).

Dans l'équation [3] x représente l'hypoténuse d'un triangle rectangle ayant a et b pour côtés de l'angle droit (*Géom.* § 124, 1). Ainsi pour l'obtenir, il suffit de porter sur les côtés d'un angle droit A (*fig.* 3) à partir du sommet deux longueurs AB$=a$, AC$=b$, et on aura BC$=x$.

Enfin dans l'équation [4] x est un des côtés d'un triangle rectangle dont l'hypoténuse est a et l'autre côté b (*Géom.* ib.). Pour construire ce triangle, on prend un angle droit A (*fig.* 4); on fait AB$=b$ et on trace du centre B avec un rayon $=a$ un arc qui coupe en X l'autre côté de l'angle A. Il vient ainsi AX$=x$.

On peut aussi décrire une demi-circonférence sur l'hypoténuse AB$=a$ comme diamètre (*fig.* 5), et tracer du centre A avec le rayon b un second arc coupant le premier en X. On a alors BX$=x$.

On pourrait encore décomposer a^2-c^2 en facteurs $(a+c)$ $(a-c)$ et chercher une moyenne proportionnelle entre $a+c$ et $a-c$.

8.

Tous les monomes sont constructibles par les types [1] et [2]. Soit d'abord

$$x=\frac{abc}{de} ;$$

en posant $\frac{ab}{d}=\alpha$, il vient

$$x=\frac{\alpha c}{e}.$$

La construction comporte donc deux 4es proportionnelles, la 1e α entre d, a, b, puis x entre e, α et c.

On voit de même que l'expression suivante dépend de trois 4es proportionnelles

$$x=\frac{a^3b}{c^2d}=\frac{a^2}{c}\cdot\frac{ab}{cd}=\frac{\alpha a}{c}\cdot\frac{b}{d}=\frac{\beta b}{d}.$$

Pour construire $x=\sqrt{\dfrac{abc}{d}}$, on cherche d'abord $\alpha=\dfrac{ab}{d}$, puis $x=\sqrt{\alpha c}=$ une moyenne proportionnelle entre α et c.

Pour $x=a\sqrt{\dfrac{b}{c}}$, il faut faire passer a sous le radical, ce qui donne $x=\sqrt{\dfrac{a^2b}{c}}$.

Soit encore $x=\sqrt{5}$. En rendant l'équation linéaire (3), on trouve

$x = m\sqrt{5} = \sqrt{5m^2} =$ moyenne entre $5m$ et m ; la ligne m
étant une longueur arbitraire.

Ce dernier exemple peut encore se construire par l'équation [3]; car 5 étant la somme des carrés 4 et 1, x est visiblement l'hypoténuse d'un triangle rectangle ayant pour côtés
$2m$ et m.

9.

Les polynomes composés de termes de la première dimension se construisent de même par parties. Ainsi

$$x = \frac{a^2}{3b} - 2\sqrt{cd}$$

est la différence entre la 4e proportionnelle à $3b$, a, a et deux
fois la moyenne entre c et d.

Il est au reste superflu d'indiquer la méthode pour construire une droite égale à la somme algébrique de plusieurs
autres, telle que

$$x = a - b + c - d.$$

On porte à partir d'un même point d'une droite indéfinie, à la
suite les uns des autres, d'abord tous les termes positifs a, c
puis tous les termes négatifs b, d. La partie de la droite comprise entre les extrémités des deux sommes est la longueur
de x. Il est en outre visible que le résultat doit être affecté du
signe — quand la somme positive est moindre que l'autre.

Prenons encore pour exemple

$$x = \frac{\sqrt{5}}{\sqrt{3} + \sqrt{2}}.$$

On trouve, par des transformations connues,

$$x = \sqrt{5}(\sqrt{3} - \sqrt{2}) = \sqrt{15} - \sqrt{6},$$

ce qui conduit à deux moyennes.

10.

Les polynomes qui ne sont pas de la 1e dimension peuvent
être ramenés à la forme monome. A cet effet il suffit de mettre

en évidence tous les facteurs littéraux moins un de l'un quelconque des termes. Par exemple, l'expression

$$3ab^2 - c^3 + bc^2$$

peut se mettre sous la forme

$$ab\left(3b - \frac{c^3}{ab} + \frac{c^2}{a}\right) = ab.\, l,$$

en représentant par l la droite résultant de la construction du trinome du premier degré compris entre les parenthèses.

Cette observation complète les règles pour la construction des formules.

Soit, comme application,

$$x = \sqrt{\frac{a^2 b^2 + c^4}{ac - bd}}\,.$$

En posant

$$a^2 b^2 + c^4 = a^2 b\left(b + \frac{c^4}{a^2 b}\right) = a^2 b\alpha,$$

$$ac - bd = a\left(c - \frac{bd}{a}\right) = a\beta,$$

il vient

$$x = \sqrt{\frac{ab\alpha}{\beta}} = \sqrt{\alpha\gamma}.$$

11.

Pour construire les racines de l'équation

$$x^2 + ax = bc,$$

savoir

$$x = -\frac{a}{2} + \sqrt{bc + \frac{a^2}{4}},$$

$$x' = -\frac{a}{2} - \sqrt{bc + \frac{a^2}{4}},$$

on cherche d'abord la moyenne d entre b et c et alors la quantité radicale est l'hypoténuse h d'un triangle rectangle dont les côtés sont d et $\frac{1}{2}a$. On a donc

$$x = h - \tfrac{1}{2}a, \quad x' = -(h + \tfrac{1}{2}a).$$

Si le second membre de l'équation était $-bc = -d^2$, le radical serait un côté du triangle et $\frac{1}{2}a$ l'hypoténuse (7, éq. [4]).

12.

Avant de passer aux problèmes, nous ferons remarquer que ce qui précède comprend également la construction des radicaux bicarrés. Soit, par exemple,

$$x^4 = a^4 + b^4 = a^3 \left(a + \frac{b^4}{a^3} \right) = a^3 c = a^2 d^2.$$

En prenant la racine carrée, il vient $x^2 = ad$ et

$$x = \sqrt{ad}.$$

13. Problème I.

Mener par un point donné A *(fig. 6) dans un cercle proposé* C *une corde* XY *telle que le rapport des segments soit égal à* m : n.

En désignant par x et y les segments AX et AY, on a par l'énoncé l'équation

$$[1] \qquad \frac{x}{y} = \frac{m}{n}.$$

Ensuite si on mène par le point A une autre corde quelconque, le produit xy sera égal à celui AB.BD (*Géom.* § 192, 1). D'ailleurs, on peut, pour plus de simplicité, faire en sorte que les segments de cette corde auxiliaire soient égaux entre eux, condition que l'on réalise évidemment en menant la corde BD perpendiculaire au diamètre AC qui passe par le point A. Alors, en représentant AB=AD par a, on a pour seconde équation

$$[2] \qquad xy = a^2.$$

En faisant le produit des équations, on trouve

$$x^2 = \frac{a^2 m}{n}.$$

Ainsi x est une moyenne proportionnelle entre a, et $\dfrac{am}{n} =$ 4ᵉ prop. à n, m, a.

De là la construction :

On mène un diamètre par le point A ; on tire la corde BD perpendiculaire à ce diamètre ; on prend sur le diamètre AN=n, AM=m, on joint BN et on mène ME parallèle à BN. On a ainsi $AE = \dfrac{am}{n}$. Ensuite on trace une demi-circonférence sur ED comme diamètre, ce qui donne $AZ = x$. Enfin on décrit du centre A avec le rayon AZ un arc qui coupe la circonférence proposée dans les points X, X' et en joignant ces points au point A, on obtient les deux cordes XY et X'Y', visiblement égales, qui répondent à la question.

14. PROBLÈME II.

Partager une droite donnée a *en moyenne et extrême raison.*

En représentant par x la partie moyenne, $a - x$ est l'autre partie et on a la proportion

$$a : x = x : (a - x),$$

d'où l'on tire

$$x^2 + ax = a^2$$
$$x = -\tfrac{1}{2}a + \sqrt{(a^2 + \tfrac{1}{4}a^2)}.$$

Pour construire la valeur positive, on forme un triangle rectangle ABC (*fig.* 7) dont les côtés de l'angle droit sont $AB = a$, $CB = \tfrac{1}{2}a$. L'hypoténuse AC est la quantité radicale, et en en ôtant $CD = CB$, on a $AD = x$. On voit que cette construction revient à celle qui a été exposée dans la Géométrie (*Géom.* § 199).

Pour construire la racine négative, il faudrait ajouter CB à AC et affecter la somme du signe —. Mais cette solution ne convient pas au problème. En général les solutions négatives ne sont admissibles que lorsque l'on peut changer la position des lignes, ce qui n'est pas le cas pour la question actuelle. (*Voyez* chap. I, § 6).

15. PROBLÈME III.

Diviser par une parallèle aux bases un trapèze proposé ABCD (*fig.* 8) *en deux parties dont le rapport soit* m : n.

Soit $XY = x$ la droite cherchée et désignons par a et b les bases AD, BC.

En prolongeant les côtés non-parallèles jusqu'à leur inter-section en E, on obtient les triangles semblables EAD, EXY et EBC, qui fournissent les proportions

$$EBC : EXY = b^2 : x^2,$$
$$EXY : EAD = x^2 : a^2.$$

En opérant sur ces proportions d'après une propriété connue (*Alg.* § 119) et en remplaçant les différences des triangles EXY—EBC et EAD—EXY par les trapèzes partiels XC et AY, il vient

$$\frac{XC}{EXY} = \frac{x^2 - b^2}{x^2},$$
$$\frac{AY}{EXY} = \frac{a^2 - x^2}{x^2}.$$

Maintenant si l'on divise ces deux équations, on trouve, à cause de XC : AY = $m : n$,

$$\frac{m}{n} = \frac{x^2 - b^2}{a^2 - x^2}.$$

Cette équation conduit à

$$x^2 = \frac{a^2 m + b^2 n}{m + n},$$
$$x = \sqrt{\frac{a^2 m + b^2 n}{m + n}},$$

formule facile à construire.

Il est remarquable que cette valeur soit indépendante de la hauteur du trapèze.

La droite x trouvée, pour lui donner la position convena-ble, on prend AF = x, on mène FY parallèle à AB, on fait AX = FY et on joint XY.

On peut aussi calculer la position du point X sur le côté AB. A cet effet on tire BG parallèle à CD, ce qui donne visiblement XJ = $x - b$ et AG = $a - b$. On a donc la proportion

$$BX : BA = (x - b) : (a - b).$$

Si l'on veut diviser le trapèze en deux parties équivalentes, on pose $m = n$ et la formule se réduit à

$$x = \sqrt{\frac{a^2 + b^2}{2}}.$$

. Nous avons construit dans la figure la ligne x qui répond à ce cas particulier.

16. Problème IV.

Trouver l'équation qui existe entre les côtés a, b, c *d'un triangle* ABC *(fig. 9), une droite* BD$=$d *menée à volonté d'un sommet sur le côté opposé et les segments* AD$=$m *et* DC$=$n *de ce côté.*

En abaissant la hauteur BE du triangle, on a les équations

$$a^2 = d^2 + n^2 - 2n.\ DE,$$
$$c^2 = d^2 + m^2 + 2m.\ DE.$$

En éliminant DE, il vient

$$a^2 m + c^2 n = d^2(m+n) + mn(m+n),$$

d'où l'on tire, à cause de $m+n=b$,

$$d^2 + mn = \frac{a^2 m + c^2 n}{b}.$$

Cette équation fera connaître la droite d, quand les segments m, n seront déterminés par une condition particulière. Par exemple il est aisé de trouver les valeurs de d en fonctions des côtés du triangle, si on la suppose 1° médiane, 2° bissectrice et 3° hauteur.

17. Problème V.

Déterminer le plus grand rectangle inscriptible dans un triangle.

Soit ABC *(fig. 10)* le triangle donné et XYZU le rectangle cherché. En représentant par x et y les côtés du rectangle, son aire est xy, que nous désignerons par p. Nous avons donc pour première équation

$$xy = p.$$

D'ailleurs en abaissant la hauteur BD$=h$ du triangle sur la base AC$=b$, les triangles semblables BYZ, BAC fournissent la proportion suivante entre les bases et les hauteurs homologues

$$YZ : AC = BE : BD,$$

ou

$$y : b = (h - x) : h,$$

d'où l'on tire

$$y = \frac{b(h-x)}{h}.$$

En introduisant cette valeur dans la première équation, il vient

$$\frac{b(h-x)x}{h} = p.$$

Il s'agit de déterminer le maximum de p. A cet effet on résout l'équation par rapport à la variable x (*Alg.*, chap. XV). On obtient ainsi

$$x^2 - hx = -\frac{hp}{b},$$

$$x = \frac{h}{2} \pm \sqrt{\left(\frac{h^2}{4} - \frac{hp}{b}\right)}.$$

La quantité sous le radical diminue à mesure que p augmente et comme cette quantité ne peut pas descendre au-dessous de 0 sans rendre y imaginaire, il est évident que le maximum de p répond à l'équation

$$\frac{hp}{b} = \frac{h^2}{4},$$

qui conduit à

$$p = \frac{bh}{4} = \tfrac{1}{2}\text{ABC}.$$

Le plus grand rectangle inscriptible vaut donc la moitié du triangle. Pour le construire on a la valeur de $x = \tfrac{1}{2}h$, le radical étant nul, d'où il est facile de conclure que le sommet Y du rectangle est au milieu du côté AB du triangle.

18. Problème VI.

Exprimer les diagonales et l'aire d'un trapèze en fonctions des côtés.

1° Posons les côtés du trapèze ABCD (*fig.* 11) AD $=a$, AB $=b$, BC $=c$, CD $=d$ et les diagonales BD $=x$, AC $=y$. Les bases sont a et c.

Si on mène BE parallèle à CD, on connaît les côtés du triangle ABE, AB $=b$, BE $=d$ et AE $=a-c$. En abaissant la hauteur BF les deux triangles ABD, ABE fournissent les équations

$$x^2 = a^2 + b^2 - 2a.\,\mathrm{AF},$$
$$d^2 = b^2 + (a-c)^2 - 2(a-c)\mathrm{AF}.$$

En éliminant AF on trouve

$$(a-c)x^2 - ad^2 = (a^2+b^2)(a-c) - ab^2 - a(a-c)^2,$$

d'où l'on tire

$$x^2 = ac + \frac{ad^2 - b^2 c}{a-c}.$$

On trouvera de même pour l'autre diagonale

$$y^2 = ac + \frac{ab^2 - cd^2}{a-c}.$$

En ajoutant ces deux équations on arrive à

$$x^2 + y^2 = 2ac + b^2 + d^2,$$

qui montre que *dans tout trapèze la somme des carrés des diagonales est égale à la somme des carrés des côtés non-parallèles plus le double produit des bases.*

2° Pour obtenir l'aire du trapèze, que nous désignerons par S, nous la comparerons à celle du triangle ABE que nous représenterons par T. Ces deux polygones ayant la même hauteur BF, on a

$$S = \tfrac{1}{2}(a+c)\mathrm{BF}, \quad T = \tfrac{1}{2}(a-c)\mathrm{BF},$$
$$S = T.\frac{a+c}{a-c}.$$

Or en représentant par $2s$ la somme $b+d+a-c$ des côtés du triangle ABE, on a (*Géom.* § 154)

$$T = \sqrt{(s.\,(s-a+c)(s-b)(s-d)}.$$

Donc, en substituant cette valeur dans celle du trapèze, il vient

$$S = \frac{a+c}{a-c}\sqrt{(s.\,(s-a+c)(s-b)(s-d)}.$$

19. Problème VII.

Mener par un point B donné dans un angle proposé A (fig. 12) une droite XY qui détermine par sa rencontre avec les côtés de l'angle un triangle AXY équivalent à un carré donné m².

Posons $AX = x$, $AY = y$, et en égalant l'aire du triangle à celle du carré, nous aurons pour première équation

$$\tfrac{1}{2}xy \sin A = m^2$$

ou

$$xy = \frac{2m^2}{\sin A}.$$

La seconde équation dépend de la position du point B par rapport aux côtés de l'angle A. Pour fixer cette position, menons BC parallèle à AX et représentons les droites connues AC par a et BC par b. Les triangles semblables AXY, CBY fournissent la proportion

$$AX : AY = CB : CY,$$

ou bien

$$x : y = b : (y - a),$$

d'où l'on tire

$$x = \frac{by}{y - a}.$$

En portant cette valeur dans la première équation, on a

$$\frac{by^2}{y - a} = \frac{2m^2}{\sin A},$$

d'où l'on déduit

$$y^2 - \frac{2m^2}{b \sin A} y = -\frac{2am^2}{b \sin A}.$$

Cette équation peut se simplifier, car en abaissant la perpendiculaire $BD = c$ sur AY, le triangle CBD donne $\sin BCD = \sin A = c : b$, d'où résulte

$$c = b \sin A.$$

On a donc

$$y^2 - \frac{2m^2}{c} y = -\frac{2am^2}{c},$$

$$y = \frac{m^2 + m\sqrt{m^2 - 2ac}}{c}.$$

La construction de cette formule ne présente aucune difficulté. Il est visible que l'aire du triangle AXY a un minimum qui répond à $2ac = m^2$ et $y = 2a$.

20. Problème VIII.

Mener par un point B *donné dans un angle connu* A (*fig.* 12) *une droite* XY *qui se termine dans les côtés de l'angle et qui soit égale à une droite proposée* d.

En tirant BC parallèle à AX, et en posant $AC=a$, $BC=b$, $AX=x$, $AY=y$, on a comme dans la question précédente la proportion,

$$x : y = b : (y-a),$$

d'où résulte l'équation

[1] $$xy = ax + by.$$

Ensuite le triangle AXY, où le côté $XY=d$, fournit la seconde équation

[2] $$d^2 = x^2 + y^2 - 2xy\cos A.$$

L'élimination de x ou de y conduit à une équation du quatrième degré ; mais le problème peut être ramené au second degré dans le cas particulier où le point donné B est sur la bissectrice de l'angle A. Alors on voit aisément que $b=a$, ce qui réduit la première équation à

[3] $$xy = a(x+y).$$

D'ailleurs l'équation [2] peut être mise sous la forme

[4] $$d^2 = (x+y)^2 - 2xy(1+\cos A).$$

Le système des équations [3] et [4] est facile à résoudre en prenant d'abord pour inconnue auxiliaire soit xy, soit $x+y$.

21. Problème IX.

Diviser un angle ou un arc donné en trois parties égales.

Soit $ACB=a$ (*fig.* 13) l'angle proposé et AB l'arc qui mesure cet angle. Représentons par CX une des trisectrices cherchées, en sorte que l'angle $ACX=\tfrac{1}{3}a$. Achevons la demi-circonférence ABD ; menons BE parallèle à XC ; prolongeons BE et le diamètre AD jusqu'à leur rencontre en Y, et joignons CE.

L'angle $Y=XCA=\tfrac{1}{3}a$, l'angle $CEB=CBE=BCX=\tfrac{2}{3}a$ et l'angle $ECY=CEB-Y=\tfrac{2}{3}a-\tfrac{1}{3}a=\tfrac{1}{3}a$. Donc le triangle CEY est isoscèle et la ligne EY est égale au rayon CE. La question est ainsi ramenée à tirer par l'extrémité B de l'arc AB une sécante

2.

BY qui se termine sur le prolongement du diamètre passant par l'autre extrémité, sous la condition que le segment extérieur EY soit égal au rayon.

En désignant le rayon du cercle par r, BY par x et CY par y, les sécantes AY, BY fournissent l'équation

$$BY.\ EY = AY.\ DY$$

ou

[1] $$rx = (r+y)(y-r) = y^2 - r^2.$$

D'ailleurs en abaissant la hauteur BF du triangle BYC et en posant FC $=b$, on a

[2] $$x^2 = r^2 + y^2 - 2by.$$

En éliminant x, on trouve, après réduction,

$$y^3 - 3r^2 y = -2br^2.$$

Cette équation est du 3e degré et elle tombe dans le cas irréductible, qui échappe à la formule générale (*Alg.* § 213).

Lorsque l'angle proposé est droit, $b=0$ et l'équation se réduit à $y^2 - 3r^2 = 0$, d'où résulte $y = r\sqrt{3}$. Cette valeur introduite dans l'équation [1] fournit $x = 2r$.

L'arc de 90° n'est pas le seul que l'on puisse partager en trois parties égales avec la règle et le compas. On a vu dans la Géométrie élémentaire que l'on peut diviser en trois parties égales la circonférence et toutes les parties qui résultent de sa division par une puissance de deux (*Géom.* §§ 207 et 205); il en est de même pour le cinquième de la circonférence (ib. § 209) et ses quotients par une puissance de 2.

Problèmes a résoudre.

1. Construire un carré connaissant la somme ou la différence de la diagonale et du côté.

2. Mener par un point donné une sécante à un cercle proposé de manière que la corde soit égale à une droite donnée.

3. Mener des tangentes communes à une circonférence proposée.

4. Construire un rectangle équivalent à un carré donné et dont la somme des côtés ou leur différence soit égale à une droite proposée.

5. Mener par un point donné dans un cercle une corde qui soit divisée dans ce point en moyenne et extrême raison.

Inscrire dans un triangle proposé un rectangle, dont on connaît :

6. 1° Le rapport des deux côtés.

7. 2° La somme des deux côtés.

8. 3° La diagonale.

9. Inscrire dans un trapèze donné le plus grand rectangle possible (Le rectangle doit avoir deux sommets dans la grande base du trapèze).

10. Déterminer la position d'une droite qui divise un triangle proposé en deux parties équivalentes et d'égal périmètre.

11. Tirer par un point connu dans un triangle proposé une droite qui divise le triangle en deux parties équivalentes.

12. Exprimer les rayons des cercles inscrit et circonscrit à un triangle en fonctions des côtés du triangle.

13. Connaissant les quatre côtés d'un quadrilatère inscrit (dans un cercle), trouver les diagonales et l'aire.

14. Construire un triangle connaissant la hauteur, la base et la somme des deux autres côtés.

15. Décrire un triangle dont on connaît un côté, l'angle opposé et le rayon du cercle inscrit.

16. Inscrire dans un triangle donné un autre triangle qui soit équilatéral et dont un sommet est fixé sur le premier périmètre.

CHAPITRE I.

MÉTHODES DES COORDONNÉES POUR LA FIXATION DES POINTS SUR UN PLAN ET DANS L'ESPACE.

§ 1.

La *Géométrie analytique* est une science qui traite des propriétés de l'étendue par le secours de l'Algèbre. On lui donne encore les noms d'*Analyse géométrique* et d'*Application de l'Algèbre à la Géométrie*.

La Géométrie analytique continue l'objet de la Géométrie élémentaire et elle s'occupe de toutes les lignes et de toutes les surfaces qui peuvent être soumises à nos investigations.

On comprend que ce cadre est immense, et le précis que nous publions ne doit y être considéré que comme une introduction.

§ 2.

L'emploi de l'Algèbre dans la Géométrie analytique diffère essentiellement de celui que l'on en fait dans la Géométrie élémentaire, ainsi que dans la Trigonométrie. Cet usage consiste à représenter les lignes et les surfaces par des équations, d'après des procédés que nous allons exposer et dont la première invention est due à Descartes (1).

§ 3.

Pour fixer la position des points situés dans un plan, on prend dans ce plan deux droites qui se coupent X'X, YY' (*fig.* 14). Ces droites sont appelées *axes* et leur intersection A porte le nom d'*origine*.

La situation et l'angle des axes sont généralement arbitraires ; mais on choisit ordinairement ces lignes d'après l'état de

---

(1) Le traité de Géométrie de *Descartes* parut en 1637.

la question à résoudre, de manière à pouvoir la traiter le plus simplement possible.

On se sert le plus souvent d'axes *rectangulaires* ou *rectangles*, c'est-à-dire dont l'angle est droit.

Si d'un point quelconque M du plan on mène des parallèles MN, MO à chacun des axes et terminées dans l'autre axe, ces droites sont les *coordonnées* du point M. La ligne MN porte le nom particulier d'*ordonnée* et MO celui d'*abscisse*.

Les côtés opposés du parallélogramme AOMN étant égaux, on peut compter les coordonnées sur les axes; car on a AN= OM= l'abscisse et AO=MN= l'ordonnée.

Lorsque les axes sont rectangulaires les coordonnées sont les distances du point M aux axes. Dans ce cas les coordonnées sont dites *orthogonales* ou *rectangles*.

Les abscisses se désignent par la lettre x et les ordonnées par la lettre y.

Les axes portent les noms des coordonnées qui s'y projet-tent; X'X est l'axe des abscisses ou des x et YY' est l'axe des ordonnées ou des y.

§ 4.

Les coordonnées du point M déterminent sa position dans l'angle YAX. En effet, si l'on connaît la valeur de l'abscisse $x=a$ et celle de l'ordonnée $y=b$, il suffit de prendre AN$=a$, AO$=b$ et de tirer des parallèles aux axes par les points N et O; le quatrième sommet M du parallélogramme AOMN sera le point cherché. Mais on y parvient plus simplement en faisant AN$=a$, en menant par le point N une parallèle indéfinie à l'axe AY et en portant sur cette ligne l'ordonnée NM$=b$.

Les égalités $x=a$, $y=b$ se désignent souvent sous le nom d'*équations du point* M.

A mesure que x diminue, le point N (*fig.* 15) se rapproche de l'origine A, et quand $x=o$, ces deux points se confondent, et le point M tombe sur l'axe des y en O.

Si x est négatif et égal à $-a$, le point N passe en N' au-delà de l'origine sur le prolongement de l'axe de x, et en supposant toujours $y=b$, le point cherché est M' dans l'angle X'AY.

De même, si en maintenant la valeur de l'abscisse $x=a$, on pose successivement $y=o$, $y=-b$, on trouvera pour le point demandé N, puis M'' dans l'angle XAY'.

Enfin si on pose x et $y=o$, le point est l'origine, et si on prend $x=-a$ et $y=-b$, on verra que le point est M''' dans l'angle X'AY'.

Ces considérations font déjà pressentir la convention des signes des coordonnées qui va être exposée (§ 6).

§ 5.

Lorsqu'une ligne plane (ou un *lieu plan*) (*Géom.* § 69) est bien définie et convenablement fixée par rapport aux axes choisis, il existe une équation entre les coordonnées x, y de chaque point de la ligne et des quantités connues. Cette relation est l'*équation de la ligne.*

Les coordonnées x, y qui varient d'un point à l'autre sont les *variables* de l'équation. Les quantités connues en sont les *constantes;* parce que ces quantités conservent leurs valeurs dans toute l'étendue du lieu géométrique (*voyez* le chap. II).

§ 6.

Avant d'aller plus loin nous devons reproduire ici l'exposé déjà fait dans la Trigonométrie (*Trig.* note à la fin du volume), d'un principe ou plutôt d'un *fait* qui sert de base à la méthode analytique et que l'on peut formuler de la manière suivante :

Toute ligne qui change de direction, change de signe.

Pour établir l'équation d'une ligne, on considère ordinairement un de ses points, tel que M (*fig.* 15) situé dans l'angle YAX, et quelle que soit cette équation, on peut toujours reconnaître que pour l'adapter à des points tels que M', M'', M''', situés dans les autres angles des axes, il faut *changer les signes* des coordonnées qui ont *changé de direction* par rapport à l'origine. Pour le point M, l'abscisse AN est *à droite* de l'origine ou de l'axe YY′ et l'ordonnée AO est *au-dessus* de l'origine ou de l'axe X′X. Pour le point M′ l'ordonnée AO a conservé sa position ; mais l'abscisse AN′ a passé *à gauche* de l'origine. Pour le point M″, l'abscisse AN s'est maintenue à droite ; mais l'ordonnée AO′ est descendue *au-dessous* de l'origine. Enfin pour le point M‴, les deux coordonnées ont changé de direction, l'abscisse AN′ est à gauche et l'ordonnée AO′ est au-dessous de l'origine.

Donc en admettant que l'équation ait été établie en employant les coordonnées du point M d'une manière absolue, c'est-à-dire en les regardant comme *positives*, les coordonnées du point M‴ seront *négatives*; l'ordonnée du point M′ sera *positive* et l'*abscisse* négative; enfin l'abscisse du point M″ sera *positive* et l'ordonnée *négative*. En vertu de ces changements de signe l'équation trouvée conviendra à tous les points de la ligne.

Ainsi pour généraliser les équations, il faut se conformer aux prescriptions suivantes :

Dans l'angle YAX, x et y sont positifs ;

Dans l'angle YAX′, x est négatif et y positif ;

Dans l'angle X′AY′, x et y sont négatifs ;

Dans l'angle XAY′, x est positif et y négatif.

§ 7.

La méthode des *coordonnées parallèles* que nous venons d'exposer, est la plus généralement employée. Cependant il y a des lieux géométriques qui nécessitent l'usage des *coordonnées polaires*.

Dans ce système, la position des points dans un plan se détermine au moyen d'un point fixe A (*fig.* 16) et d'une droite fixe AB partant de ce point dans le plan. Le point A est le *pôle* ou l'*origine* et la droite AB est l'*axe*.

La distance AM d'un point M à l'origine est le *rayon vecteur* de ce point.

Il est visible que la position du point M sera déterminée,

lorsque l'on connaîtra son rayon vecteur AM et l'angle A qu'il forme avec l'axe.

L'angle A et le rayon vecteur AM sont les deux *coordonnées polaires* du point M.

§ 8.

Bien que notre cadre soit restreint aux lieux géométriques plans, cependant nous croyons qu'il convient de faire connaître en peu de mots le procédé suivi pour les points de l'espace.

Pour fixer la position des points de l'espace, on les rapporte à trois droites fixes AX, AY, AZ se coupant en un point A (*fig.* 17), et aux plans qu'elles déterminent deux à deux. Ces droites sont les *axes* et leur point d'intersection A est l'*origine*.

On prend le plus souvent des axes rectangles ou les arêtes d'un trièdre droit.

Les coordonnées d'un point M sont les trois parallèles MN $= x$, MO $= y$ et MP $= z$ menées du point aux axes AX, AY, AZ et terminées chacune dans le plan des deux autres axes.

Les trois lignes x, y, z n'ont pas de dénomination distincte.

Les plans des axes et ceux des coordonnées constituent un parallélipipède AM dont le point M est le sommet diagonalement opposé à l'origine A.

Comme les arêtes parallèles d'un parallélipipède sont égales quatre à quatre, on voit que AB $=$ MN $= x$, que AC $=$ PB $=$ MO $= y$ et que AD $=$ MP $= z$.

Il est clair que la connaissance des trois coordonnées détermine la position du point M dans le trièdre AZXY. En effet, en prenant ces trois lignes sur les axes, à partir de l'origine et en menant par leurs extrémités B, C, D les plans BM, CM et DM parallèles aux plans des axes opposés, le point cherché M serait l'intersection des trois plans. Mais il est plus simple de prendre AB $= x$, de tirer, dans le plan YAX, BP parallèle à AY et égale à y, puis dans l'espace PM parallèle à AZ et égale à z.

D'après le principe du § 6 les coordonnées qui tombent sur les prolongements des axes au-delà de l'origine doivent être prises négativement, et il est aisé de voir quelle est la combinaison des signes qui convient à chacun des huit trièdres compris sous les plans des axes.

Lorsqu'une surface est suffisamment définie et convenablement fixée par rapport aux axes, il existe une relation entre les coordonnées de chacun de ses points et des quantités constantes. Cette relation est l'*équation de la surface*.

CHAPITRE II.

CONSTRUCTIONS ET ÉQUATIONS DE QUELQUES COURBES. — CLASSIFICATION DES COURBES.

§ 9.

Équation de la ligne droite en fonction des coordonnées à l'origine.

Soit la droite DE (*fig.* 18) et les axes X'X, YY', formant un angle quelconque.

Il y a différents moyens de fixer la droite par rapport aux axes ; nous choisirons ici les coordonnées à l'origine, c'est-à-dire les parties AB et AC des axes comprises entre l'origine A et la droite.

On appelle *coordonnées à l'origine*, les parties des axes comprises entre l'origine et un lieu géométrique quelconque.

Nous désignerons AB par a et AC par b.

Pour obtenir l'équation cherchée on tire l'ordonnée MN$=y$ d'un point M de la droite situé dans l'angle YAX ; on obtient ainsi l'abscisse AN$=x$. Les triangles semblables BMN, BCA fournissent la proportion

$$y : b = (a-x) : a,$$

d'où l'on tire pour l'équation de la droite

$$bx + ay = ab.$$

(*Voyez* le chap. IV.)

3

§ 10.

Équation de la circonférence par rapport à deux diamètres rectangles.

Le centre A du cercle (*fig.* 19) est l'origine et les axes X'X, YY' forment un angle droit. En abaissant l'abscisse d'un point quelconque M de la circonférence et en tirant le rayon $AM=r$, le triangle rectangle AMN donne l'équation

$$x^2+y^2=r^2.$$

(*Voyez* le chap. V.)

§ 11.

Équation de la parabole.

La parabole PAR (*fig.* 20) est une courbe telle que chacun de ses points est également éloigné d'un point fixe F et d'une droite DE situés dans le même plan que la courbe. Le point F est le *foyer* et la droite DE est la *directrice*. La droite MF tirée d'un point M quelconque de la courbe au foyer est le *rayon vecteur* de ce point. Par la nature de la courbe MF est égal à la perpendiculaire MO abaissée de M sur la directrice.

Nous prendrons pour axe des y la directrice DE et pour axe des x la perpendiculaire GFX abaissée du foyer sur la directrice.

On comprend que la courbe dépend uniquement de la distance FG; cette ligne que nous désignerons par p sera la constante de l'équation.

En abaissant l'ordonnée MN du point M, on a dans le triangle rectangle MNF,

$$y^2=\overline{MF}^2-\overline{NF}^2.$$

Or $MF=MO=x$ et $NF=p-x$; donc en substituant ces valeurs, il vient

$$y^2=x^2-(p-x)^2=2px-p^2.$$

(*Voyez* le chap. VI.)

§ 12.

Construction et équation de la cissoïde.

La cissoïde se construit de la manière suivante. On tire un

diamètre AB dans un cercle (*fig. 21*); on mène une tangente CD à une extrémité de ce diamètre ; on tire de l'autre extrémité A des droites sur la tangente, telles que AE, et on prend sur chacune de ces lignes, à partir de la tangente, une longueur EM égale à la corde AF. Le point M ainsi déterminé appartient à la courbe.

Nous prendrons des axes rectangles ; le diamètre AB sera l'axe des x et A l'origine.

Nous désignerons le diamètre par a et la ligne EM=AF par z.

Abaissons l'ordonnée du point M ainsi que les perpendiculaires FG sur AB et MH sur BC. Les triangles semblables AMN, AFG fournissent la proportion

$$y : x = \text{FG} : \text{AG}.$$

Or les triangles AFG, MEH sont visiblement égaux et partant AG=MH=NB=$a-x$. D'ailleurs on a dans le cercle, FG= $\sqrt{(\text{AG}.\text{GB})}=\sqrt{(a-x)x}.$

En substituant ces valeurs dans la proportion, on trouve

$$y : x = \sqrt{((a-x)x)} : (a-x),$$

d'où l'on tire pour l'équation cherchée

$$y^2 = \frac{x^3}{a-x}.$$

La distance MH=$a-x$ du point M à la tangente CD diminue à mesure que x augmente, et cette quantité serait nulle pour $x=a$; mais en mettant cette valeur dans l'équation, il vient $y^2 = \frac{x^3}{0} = \infty$. Il suit de là que la courbe se rapproche de la tangente à mesure que l'abscisse augmente, mais qu'elle ne peut atteindre cette droite qu'à une distance infinie, ce qui est la négation du possible. Cette particularité résulte d'ailleurs assez ouvertement de la construction de la courbe.

Une droite dont une courbe se rapproche continuellement sans qu'elle puisse l'atteindre (sinon à l'infini), porte le nom d'*asymptote*. Ainsi la tangente CD est une asymptote de la cissoïde (1).

---

(1) La cissoïde a été imaginée par le géomètre grec Dioclès, pour réson-

§ 13.

Construction et équation de la conchoïde.

Voici la construction de la courbe (*fig.* 22). On prend une droite BC et un point ou un pôle A hors de la droite. Du point A on tire au travers de BC une perpendiculaire AE et des obliques, telle que AM, et l'on porte sur toutes ces lignes, au-delà de BC, la même longueur DE=FM=a.

Si on représente par b la distance AD du pôle à la droite et si l'on prend BC pour axe des x et AE pour axe des y, on trouvera l'équation

$$x^2 = \frac{(b+y)^2(a^2-y^2)}{y^2}.$$

Il est facile de reconnaître que la droite BC est une asymptote.

Au lieu de porter sur les transversales les longueurs a au-delà de la droite BC, pour construire la conchoïde *supérieure* ou *ultérieure* GH, on peut également porter ces distances en deçà de BC, ce qui donne la conchoïde *inférieure* ou *citérieure* LJO.

L'équation trouvée convient également à la conchoïde citérieure.

Lorsque a est égal à b, cette seconde courbe forme une saillie ou un *point de rebroussement* au pôle A (*fig.* 23); et lorsque a est $>b$, elle forme un *nœud* au pôle (*fig.* 24).

La conchoïde a été inventée par le géomètre grec NICOMÈDE, pour résoudre les problèmes de la duplication du cube et de la trisection de l'angle. On présume que l'inventeur a vécu entre le premier et le troisième siècle avant l'ère chrétienne.

dre le problème de la duplication du cube. On suppose que ce Géomètre a vécu au VIe siècle de notre ère.

Cette courbe jouit de la propriété remarquable que l'espace asymptotique LAPDC, compris entre l'asymptote CD et les deux branches de la courbe vaut trois fois le cercle générateur ou $\frac{3}{4}\pi a^2$. Cet espace s'étend à l'infini dans la direction de l'asymptote.

§ 14.

Construction et équation de l'hyperbole rapportée à ses asymptotes.

Par un point B donné dans un angle connu A (*fig.* 25), on mène des droites, telle que CD, terminées dans les côtés de l'angle, et on porte le plus petit segment BD sur l'autre CB, à partir de l'extrémité C ; c'est-à-dire que l'on fait CM=BD. On demande l'équation du lieu des points M ainsi déterminés.

En prenant les côtés de l'angle pour axes et en désignant par a et b les coordonnées AE et BE du point B, on trouvera aisément l'équation

$$xy = ab.$$

La courbe est une hyperbole, dont nous aurons beaucoup à nous occuper par la suite ; les côtés de l'angle sont les asymptotes de la courbe.

§ 15.

Construction et équation de la cycloïde.

La *cycloïde* ou *roulette* est une courbe NMO (*fig.* 26) tracée par un point déterminé d'une circonférence, lorsque celle-ci *roule* sur une droite. Dans ce mouvement le centre du cercle mobile décrit une parallèle à la droite et tous les points de la circonférence viennent successivement se mettre en contact avec la droite.

Soit C le cercle générateur, NO la droite et M le point de la circonférence qui doit tracer la courbe. Si on considère ce point dans la position culminante de sa course, à l'extrémité du diamètre MA passant par le point de contact A et par conséquent perpendiculaire à la droite, et que l'on imagine que le cercle roule alternativement à gauche et à droite de MA, jusqu'à ce que les deux demi-circonférences ABM et ADM se soient entièrement appliquées sur la droite, de A en N et de A en O, le point M aura décrit les arcs MN et MO formant la courbe complète NMO.

On voit déjà que AN et AO sont égales à la demi-circonférence rectifiée on a πr, en désignant le rayon AC par r; ce qui détermine les points N et O.

Pour découvrir la situation du point M dans une position quelconque E du cercle, il faut remarquer que la distance FA des points de contact représente l'arc déroulé, à partir de A. Donc si on prend l'arc AB égal à la droite AF, le point B est actuellement en F, le diamètre BD a pris la position FG et le point D est en G. Il suit de là que si l'on fait l'arc GP=DM= AB=AF, le point P sera la situation actuelle de M. D'ailleurs si on abaisse la perpendiculaire PJ sur le diamètre AM, on a visiblement PH=LJ et l'arc GP=ML; donc

$$PJ=PH+HJ=LJ+FA=LJ+LM.$$

Cette relation fournit à la fois la construction et l'équation de la courbe.

D'abord, pour l'équation, si on prend le point M pour origine, MA pour axe des abscisses et si on suppose les axes rectangles, on a $PJ=y$, $MJ=x$, $LJ=\sqrt{x(2r-x)}$; donc en représentant l'arc LM par α, on a

$$y=\sqrt{x(2r-x)}+\alpha.$$

D'ailleurs l'arc α dépend de x qui en est le sinus-verse; ainsi on peut écrire l'équation sous la forme

$$y=\sqrt{x(2r-x)}+\mathrm{arc}(\sin.v.=x).$$

Voici la construction (*fig.* 27). En un point A de la circonférence génératrice C on mène un diamètre AM et une tangente NO; on prend AN=AO=πr (on peut ici faire $\pi=3\frac{1}{7}$), et on a trois points de la courbe, le *sommet* M et les extrémités N, O. Pour en obtenir d'autres, on divise la demi-circonférence ALM ainsi que sa rectification AN chacune en n parties égales, en choisissant le nombre n parmi ceux qui rendent possible le partage direct de la demi-circonférence (*Géom.* liv. III, chap. V). Soit, par exemple, $n=6$. Des points de division de l'arc on abaisse des perpendiculaires, telles que LJ, sur le diamètre, et on porte sur chacune de ces lignes, hors du cercle, deux distances LP et L'P' égales à la valeur NS de l'arc ML (LM=$\frac{2}{6}$ de MLA et NS=$\frac{2}{6}$ de NA). Tous les points trouvés P, P' etc., appartiennent à la courbe.

La cycloïde est douée de propriétés géométriques et mécaniques extrêmement remarquables et qui lui ont valu le titre de reine des courbes (1).

Signalée par Galilée vers 1615, la cycloïde a fait l'objet des recherches de plusieurs géomètres distingués du XVIIe siècle. Les principaux fondateurs de sa théorie sont Roberval, Pascal, Huygens et Jean Bernouilli.

§ 16.

Construction et équation de la spirale d'Archimède (ou de Conon).

La spirale d'Archimède est décrite par le mouvement d'un point M (*fig.* 28) qui parcourt uniformément une droite AL pendant que celle-ci tourne autour du point A dans un plan, d'un mouvement également uniforme. La forme de la courbe dépend du rapport que l'on établit entre les vitesses des deux mouvements. Le point M part du pôle A de rotation de l'axe AL.

Désignons par r la distance décrite sur l'axe par le point mobile pendant que celui-ci opère sa rotation complète, ou qu'un point quelconque B de l'axe décrit une circonférence on 360°. Par la définition de la courbe, la distance ou le rayon vecteur AM=z parcouru sur l'axe par le point mobile depuis l'origine A jusqu'à la position quelconque M, et l'arc BCD=α décrit par le point B de l'axe, pendant le même temps, doivent constamment conserver entre eux le rapport de r à 360°. On a donc la proportion

$$z : r = \alpha : 360°,$$

d'où l'on tire

$$z = r . \frac{\alpha}{360}.$$

Cette relation est l'*équation polaire* de la spirale.

L'équation a évidemment lieu pour toutes les valeurs de l'arc

---

(1) On trouvera dans la note I, à la fin du volume, la démonstration de quelques-unes des propriétés géométriques de la cycloïde.

de rotation ; par exemple, lorsque le point B a décrit une circonférence plus l'arc BCD, si on pose $\alpha = 360° + BCD$ et AM$' = z$,
on a encore la proportion

$$z : \alpha = r : 360°.$$

La courbe se construit en attribuant diverses valeurs à
l'arc α. Si on fait $\alpha = 360°.n$, on trouve

$$z = r.n ,$$

et en faisant successivement $n = 1, 2, 3$, etc., il vient $z = r, 2r,$
$3r$, etc. On voit donc que si l'on prend sur l'axe, à partir du
pôle, et dans sa situation primitive, les longueurs. AB $=$ BE $=$
EF, etc., $= r$, le point mobile sera successivement en B, en E,
en F..., un bout de la 1e, de la 2e, de la 3e,... révolutions de
l'axe.

Les parties de la courbe décrites pendant les rotations suc-
cessives de l'axe, sont les anneaux ou les *spires* de la courbe.
L'arc AGJB compris entre A et B est la 1e spire, l'arc compris
entre B et E la 2e, etc.

Pour construire la première spire, on prend l'arc α égal à
des parties aliquotes de 360°, par exemple, 1, 2, 3, 4, 5, 6,
7 huitièmes, ce qui fournit z égal à la même partie du rayon r.
De là résulte la construction suivante : du centre A avec le
rayon AB $= r$, on décrit une circonférence, que l'on divise en
huit parties égales ainsi que AB ; on tire des rayons à tous les
points de division et l'on y porte, à partir du centre, les parties correspondantes de AB. Par exemple, pour le rayon AD
qui répond à l'arc BCD $= \frac{5}{8}$ de la circonférence, on prend
AM $= \frac{5}{8}$AB.

Pour obtenir le seconde spire il suffit de prolonger de la
quantité r les rayons vecteurs de la première spire. Par exemple pour le point M$'$, en posant l'arc BCD $= \alpha$, on a

$$\text{AM}' = r . \frac{360° + \alpha}{360°} = r + r . \frac{\alpha}{360°} = r + \text{AM}.$$

En prolongeant les rayons de la première spire de $2r$ on aura
la 3e spire, et ainsi de suite.

La courbe a été imaginée par Conon, de Samos et étudiée

par Archimède au IIIe siècle avant l'ère chrétienne. Archimède en a trouvé la quadrature (1).

§ 17.

Les équations des courbes servent à en établir le classement. La courbe est *algébrique* lorsque son équation ne contient que des lignes droites, que le nombre des termes en est limité et que les variables ne font partie ni des exposants ni des logarithmes. Si l'équation sort de ces restrictions, la courbe est *transcendante*. Ainsi la cycloïde, dont l'équation renferme un arc de cercle (§ 15) est une courbe transcendante, et il en est de même de la spirale d'Archimède (§ 16). Les autres courbes que nous avons considérées dans ce chapitre, la circonférence, la parabole, la cissoïde, la conchoïde et l'hyperbole, sont algébriques.

Les courbes algébriques sont partagées en *ordres* d'après les degrés de leurs équations ; le *n° ordre* répondant au *n° degré*. Il faut toutefois remarquer qu'il n'existe pas de courbe du 1er ordre, l'équation du 1er degré à deux variables ne représentant que la seule ligne droite. Le second ordre, qui répond à l'équation du second degré, comprend trois courbes dont la théorie forme l'objet principal de ce traité. Le troisième ordre ne renferme pas moins de soixante-dix-huit courbes. On n'a pas fait, que nous sachions, l'énumération pour les ordres ultérieurs. D'après *Euler* le quatrième ordre doit renfermer plus de cinq cents espèces de lignes.

Indépendamment de cette classification, on range encore quelquefois les courbes d'après un mode commun de génération. Ainsi les *spirales* sont des courbes décrites sur un plan par le mouvement d'un point tournant autour d'un pôle en

(1) Nous donnons dans la note II une démonstration de la quadrature de la spirale d'Archimède.

Il existe d'autres spirales, dont la plus remarquable est la *spirale logarithmique*. On trouvera dans la note III la définition, l'équation et la rectification de cette courbe.

s'en éloignant d'après une loi donnée. Les lignes du second ordre se désignent ordinairemeut sous le nom de *coniques* ou de *sections coniques*, parce que l'on peut les obtenir en coupant une surface conique par un plan. Les courbes du quatrième ordre qui résultent des sections planes des surfaces rondes provenant de la révolution d'arcs de cercle, portent le nom de *spiriques*.

CHAPITRE III.

CONSTRUCTION DES ÉQUATIONS DES COURBES.

§ 18.

Lorsque l'on connaît l'équation d'une ligne (et les axes) on peut obtenir autant de points de la ligne que l'on veut, en attribuant à l'une des variables des valeurs arbitraires et en déterminaut les valeurs correspondantes de l'autre. Pour plus de facilité, on résout d'abord l'équation par rapport à la seconde variable, comme si la première était une donnée.

Nous ne nous arrêterons pas longtemps sur ses constructions qui n'offrent d'autre difficulté que la résolution des équations.

§ 19.

Avant de passer aux exemples, nous ferons quelques remarques essentielles.

1° *En faisant* $x=0$, *on obtient le point ou les points où la ligne coupe l'axe des* y.

Cela est évident puisque tous les points de l'axe des y ont leurs abscisses nulles et les points de cette droite sont les seuls pour lesquels les abscisses sont nulles.

On voit de même que

2° *En faisant* $y=0$, *on obtient le point ou les points où la ligne rencontre l'axe des* x.

Les valeurs de y qui répondent à $x=o$, sont les *ordonnées à l'origine* et les valeurs de x qui répondent à $y=o$, sont les *abscisses à l'origine* (§ 9).

3° *Lorsque* x *et* y *sont nuls à la fois, la ligne passe par l'origine.*

Car l'origine est le seul point qui ait pour équations $x=o$, $y=o$.

Il suit de là que

4° *Toute ligne algébrique dont l'équation ne renferme pas de terme indépendant des variables, passe par l'origine.*

Par exemple le lieu géométrique représenté par l'équation
$$y^2-x^2=5y$$
passe par l'origine. En effet, si l'on pose $x=o$, on trouve $y^2=5y$, $y(y-5)=o$, d'où résulte $y=o$ et $y=5$. La première solution répond à l'origine. Il est visible que toute équation analogue conduira au même résultat.

§ 20. Premier exemple.

Construire l'équation
$$2x+5y=4.$$
Cette équation étant numérique, on peut supposer pour unité une longueur quelconque.

Cherchons d'abord les coordonnées à l'origine. En faisant $x=o$, il vient $y=\frac{4}{3}$, et en faisant $y=o$, il vient $x=2$. Donc, en prenant sur les axes les longueurs $AB=\frac{4}{3}$ et $AC=2$ (*fig.* 29), les points B, C sont ceux ou la ligne passe les axes.

Pour obtenir d'autres points, on résout l'équation par rapport à y,
$$y=\frac{4-2x}{5},$$
et l'on donne à x des valeurs arbitraires.

En prenant, par exemple, $x=1$, on a $y=\frac{2}{3}$, et en faisant la construction connue (§ 4), on arrive au point D.

En posant $x=-1$, $y=2$, et l'on a le point E.

La construction montre bien vite que le lieu cherché est une ligne droite. Pour mettre ce résultat hors de doute, on n'a qu'à chercher l'équation de la droite passant par les points B , C ou ayant pour coordonnées à l'origine $AB = \frac{4}{3}$ et $AC = 2$. A cet effet, il suffit de faire $b = \frac{4}{3}$ et $a = 2$ dans l'équation générale du § 9, on trouve ainsi

$$\tfrac{4}{3}x + 2y = \tfrac{8}{3}$$

ou , en réduisant ,

$$2x + 3y = 4.$$

L'identité de cette équation avec la proposée met en évidence l'identité des deux lieux géométriques.

En général , par rapport aux mêmes axes, la même équation ne saurait représenter deux lieux géométriques différents.

§ 24. Deuxième exemple.

Construction de l'équation

$$ay^2 = x^3.$$

La courbe représentée par cette équation est la *seconde parabole cubique*. On désigne généralement sous le nom de *paraboles* les lignes comprises dans l'équation $ay^m = x^n$.

La ligne cherchée passe par l'origine (§ 19, 3).

En résolvant l'équation par rapport à y on a

$$y = \pm \sqrt{\tfrac{x^3}{a}} = \pm x \cdot \sqrt{\tfrac{x}{a}}.$$

On ne peut pas prendre $x < o$, car alors la quantité sous le radical serait négative et y serait imaginaire. Il suit de là que la courbe est tout entière à droite de l'arc YY′ (*fig.* 30).

L'équation admet pour x toutes les valeurs positives depuis o jusqu'à ∞ ; d'ailleurs le double signe $\pm$ montre qu'à chaque abscisse AN répondent deux ordonnées NM et NM′ égales et de signes contraires, c'est-à-dire de directions opposées (§ 6). On voit donc que la courbe a deux branches infinies AMR et AM′R′. Lorsque les axes sont rectangles, les branches sont superposables, car en pliant la figure suivant AX , les ordonnées opposées se confondent et chaque point M de la branche supérieure va coïncider avec un point M′ de l'autre branche.

On obtiendra autant de points que l'on voudra de la courbe en donnant des valeurs au rapport $\dfrac{x}{a}$ de l'abscisse à la droite connue a, que l'on prendra pour unité. En prenant, par exemple

$$x = 1,\ 2,\ 3,\ 4,\ 5,$$

on trouve

$$y = \pm 1,\ \pm 2{,}82,\ \pm 5{,}19,\ \pm 8,\ \pm 11{,}18.$$

On peut également attribuer à x des valeurs fractionnaires ; par exemple $x = \frac{1}{4}$ donne $y = \frac{1}{8}$.

§ 22. Troisième exemple.

Construction de l'équation

$$x^3 + y^3 = 3xy.$$

Le lieu à construire passe par l'origine (§ 19, 3) et il est facile de voir qu'il n'a que ce seul point sur les axes.

Si on fait $y = x$, on trouve $2x^3 = 3x^2$, $x^2(2x - 3) = 0$; d'où $x = 0$, et $x = \frac{3}{2}$. La 1re solution répond à l'origine, la 2e donne le point M (*fig.* 34).

On aura d'autres points en établissant d'autres rapports entre les variables, ce qui permettra d'éviter la résolution de l'équation du 3e degré.

Si on pose $y = xz$, il vient

$$x^3 + x^3 z^3 = 3x^2 z,$$

$$x = \frac{3z}{z^3 + 1},\quad y = \frac{3z^2}{z^3 + 1}.$$

En posant successivement

$$z = 0,\ 1,\ 2,\ \tfrac{1}{2},\ -2,\ -\tfrac{1}{2},$$

il vient

$$x = 0,\ \tfrac{3}{2},\ \tfrac{2}{3},\ \tfrac{4}{3},\ \tfrac{6}{7},\ -\tfrac{12}{7}$$
$$y = 0,\ \tfrac{3}{2},\ \tfrac{4}{3},\ \tfrac{2}{3},\ -\tfrac{12}{7},\ \tfrac{6}{7}.$$

La courbe est connue sous le nom de *folium de Descartes*. Elle a deux branches qui s'étendent à l'infini dans les angles YAX′ et XAY′. Ces branches se croisent à l'origine et produisent dans l'angle YAX *la feuille* AM.

§ 23. Quatrième exemple.

Construction de l'équation

$$ay = x\sqrt{(a^2 - x^2)}.$$

Les axes XX', YY' (*fig. 32*) sont rectangles et a représente une droite donnée AB.

La courbe passe par l'origine, et il est visible que l'abscisse x a pour limites $AB = a$ et $AC = -a$. Pour chacune de ces valeurs on a $y = o$. La courbe rencontre donc l'axe des x dans les trois points A, B et C.

Pour obtenir d'autres points, on peut égaler x à des parties de a; par exemple

$$x = \tfrac{1}{2}a, \ \tfrac{3}{5}a, \ \tfrac{4}{5}a,$$

fournit

$$y = \pm\tfrac{1}{4}a\sqrt{3}, \ \pm\tfrac{12}{25}a, \ \pm\tfrac{12}{25}a.$$

Pour découvrir les limites de y, on résout l'équation par rapport x, ce qui conduit à

$$x^2 = \frac{a^2 \pm a\sqrt{(a^2 - 4y^2)}}{2}.$$

Les valeurs extrêmes de y sont donc

$$y = \tfrac{a}{2}, \quad y = -\tfrac{a}{2},$$

et chacune de ces limites répond aux deux abscisses

$$x = \tfrac{1}{2}a\sqrt{2}, \ x = -\tfrac{1}{2}a\sqrt{2}.$$

La courbe peut être décrite d'une manière très-rapide par le secours de la demi-circonférence AOB tracée sur $AB = a$ comme diamètre. En effet, si pour un point quelconque M de la courbe on prend dans le cercle la corde $AO = AN = x$ et que l'on joigne OB, on aura $OB = \sqrt{a^2 - x^2}$, et

$$ay = x \cdot OB.$$

Or $x \cdot OB$ représente deux fois l'aire du triangle rectangle AOB; donc, en abaissant la hauteur OP, on a

$$ay = x \cdot OB = a \cdot OP$$

et partant

$$y = OP.$$

L'application de cette relation est assez évidente.

La courbe dont nous venons d'indiquer la construction est connue sous le nom de LEMNISCATE. Ses propriétés ont été trouvées vers 1750 par le comte de Fagnano, géomètre italien.

La lemniscate est carrable; l'aire totale des deux feuilles circonscrites par la courbe est $\tfrac{4}{3}a^2$.

EXERCICES.

On pourra s'exercer en construisant les équations suivantes :
I. $x=y$.   II. $xy=a^2$.   III. $x^4+y^4=2xy^3$.

CHAPITRE IV.

DE LA LIGNE DROITE.

§ 24.

La plupart des propriétés des courbes proviennent de leurs intersections ou de leurs contacts par des droites. Il importe donc d'exposer avant tout la résolution analytique des petits problèmes que l'on peut poser sur la ligne droite ; c'est ce que nous allons faire après avoir repris et discuté l'équation de la droite.

§ 25.

Équation de la ligne droite en fonction de l'angle qu'elle forme avec l'axe des abscisses et de l'ordonnée à l'origine.

Nous avons déjà donné l'équation de la ligne droite en fonction des coordonnées à l'origine (§ 9) ; dans l'équation usitée l'abscisse à l'origine est remplacée, comme moyen de détermination, par l'angle que la ligne forme avec l'axe des x, à droite, c'est-à-dire, du côté des abscisses positives.

Soient YY', XX' les axes et DE la droite (*fig. 33*). Nous représenterons l'angle YAX des axes par θ, l'angle ECX que la droite fait avec l'axe X'X par α et l'ordonnée à l'origine AB par b. Ces trois quantités sont les données de la question.

Menons l'ordonnée MN$=y$ du point M, d'où résulte l'abscisse AN$=x$.

Il serait facile de déduire l'équation cherchée de la comparaison des triangles semblables CMN, CBA ; mais, pour simplifier la discussion, il est préférable de recourir à une ligne

auxiliaire, la droite FG menée par l'origine A parallèlement
à DE. Cette droite coupe l'ordonnée en deux parties MJ=
BA=b, comme parallèles entre parallèles, et JN. On a donc
$$y=b+\text{JN}.$$
Le segment JN est fourni par le triangle AJN, dans lequel on
a AN=x, l'angle JAN=BCA=α et l'angle AJN=BAJ=BAX—
JAN=θ—α. En mettant ces valeurs dans la proportion
$$\text{JN} : \text{AN}=\sin\text{JAN} : \sin\text{AJN},$$
il vient

$$\text{JN}=\frac{\sin\alpha}{\sin(\theta-\alpha)}.x$$

et par suite

$$y=\frac{\sin\alpha}{\sin(\theta-\alpha)}.x+b.$$

Telle est l'équation cherchée. Pour lui donner une forme
plus simple, on a coutume de poser le coëfficient

$$\frac{\sin\alpha}{\sin(\theta-\alpha)}=a,$$

ce qui donne

$$y=ax+b.$$

§ 26.

L'équation trouvée convient à tous les points de la droite DE
conformément à la convention établie (§ 6). Cette généralité
se constate en considérant les points M′ et M″ dans les deux
autres angles des axes dans lesquels la droite pénètre. En prolongeant les ordonnées de ces points jusqu'à la droite auxiliaire FG, on a
$$\text{pour M′,}\quad y=\text{M′J′}—\text{N′J′}=b—\text{N′J′},$$
$$\text{pour M″,}\quad y=\text{N″J″}—\text{M″J″}=\text{N″J″}—b.$$
D'ailleurs les lignes N′J′ et N″J″ ont conservé leurs valeurs ax
par rapport aux abscisses AN′ et AN″ dans les triangles AN′J′,
AN″J″ semblables à ANJ. Les équations sont donc
$$\text{pour M′,}\quad y=b—ax=—ax+b,$$
$$\text{pour M″,}\quad y=ax—b,\ \text{ou} \ —y=—ax+b.$$
Ces résultats vérifient pleinement la convention; pour le

point M' l'abscisse a changé de signe et pour M" les deux coordonnées en ont changé. D'ailleurs l'adoption des coordonnées négatives fait rentrer les deux dernières formes de l'équation dans la première $y = ax + b$.

§ 27.

Les constantes a et b peuvent être négatives ou nulles.

L'équation a été établie en supposant que la droite DE coupait les côtés de l'angle YAX' (*fig. 33*). Si DE coupe les côtés de l'angle opposé Y'AX (*fig. 34*), $b = $ AB devient négatif. En effet on a alors

$$y = \text{MN} = \text{JN} - \text{JM} = ax - b.$$

Lorsque la droite DE (*fig. 35*) coupe les côtés de l'angle YAX, la coëfficient a devient négatif. En effet, on a dans cette position

$$y = \text{MN} = \text{MJ} - \text{NJ} = b - \text{NJ}.$$

D'ailleurs on a la proportion

$$\text{NJ} : x = \sin\text{NAJ} : \sin\text{AJN}.$$

Or l'angle NAJ $=$ ACD $= 180° - \alpha$ et l'angle AJN $=$ FAB $= \alpha - \theta$. De là résulte

$$\text{NJ} = \frac{\sin(180° - \alpha)}{\sin(\alpha - \theta)} x = \frac{\sin\alpha}{\sin(\alpha - \theta)} x = ax$$

et

$$y = b - ax.$$

Pour comprendre cette forme de l'équation dans la première, $y = ax + b$, il suffit de remarquer que lorsque l'angle α est $> \theta$, l'arc $\theta - \alpha$ devient négatif, et que l'on a $\sin(\theta - \alpha) = -\sin(\alpha - \theta)$ (*Trig.*, pag. 96).

Si la droite coupait les côtés de l'angle X'AY', les deux constantes a et b seraient négatives. L'équation exclut alors les coordonnées simultanément positives; aussi la droite n'a-t-elle aucun point dans l'angle YAX.

§ 28.

Lorsque la droite passe par l'origine, la constante b est évidemment nulle et l'équation se réduit à

4.

$$y = ax \text{ ou } y = -ax.$$

C'est l'équation de la droite auxiliaire FG dans ses deux positions (*fig.* 34 et 35).

Lorsque la droite est parallèle à l'axe des x , l'angle α et par conséquent le coëfficient a sont nuls. L'équation se réduit alors à

$$y = +b \text{ ou } y = -b,$$

le signe $+$ se rapporte à DE (*fig.* 36) au-dessus de X'X et le signe $-$ à D'E' au-dessous de X'X.

Dans ce cas l'ordonnée y est constante (ce qui est bien visible d'ailleurs) et l'abscisse x qui a disparu de l'équation reste *indéterminée*, ce qui signifie qu'on ne peut pas la déduire de la valeur de y.

En faisant à la fois $a = o$ et $b = o$, on a l'*équation de l'axe des x*

$$y = o.$$

§ 29.

Il résulte de la discussion qui précède que l'équation $y = ax + b$ convient à toutes les positions de la droite par rapport aux axes et comprend également les cas particuliers du passage par l'origine A et du parallélisme à l'axe des x. Mais il y a une situation exceptionnelle qui échappe à l'équation générale ; c'est celle où la droite DE est parallèle à l'axe des y (*fig.* 37). On voit que l'abscisse MN est constante et égale à l'abscisse AC $= c$ à l'origine ; l'équation de la droite est donc

$$x = c.$$

Pour D'E', où l'abscisse est négative , l'équation est $x = -c$. En faisant $c = o$, on a l'*équation de l'axe des y*

$$x = o.$$

Lorsqu'on veut approprier l'équation générale $y = ax + b$ à ce cas particulier, on trouve , à cause de $\alpha = \theta$,

$$a = \frac{\sin\theta}{\sin o} = \infty .$$

Au reste on aurait pu mettre l'équation générale sous la forme

$$x = a'y + c$$

en prenant pour éléments de position l'abscisse c à l'origine et l'angle formé par la droite avec l'axe des y. Alors le parallélisme à cet axe répond à $a' = o$.

§ 30.

Nous terminerons cette discussion en faisant remarquer que lorsque l'angle θ des axes est droit, le coëfficient

$$a = \frac{\sin\alpha}{\sin(90° - \alpha)} = \frac{\sin\alpha}{\cos\alpha} = \operatorname{tg}\alpha.$$

Si α est $> 90°$, le coëfficient est (§ 27)

$$a = \frac{\sin(180° - \alpha)}{\sin(90° - \alpha)} = \frac{\sin(180° - \alpha)}{\sin(\alpha - 90°)} = \frac{\sin(180° - \alpha)}{\cos(180° - \alpha)} = -\operatorname{tg}(180° - \alpha).$$

§ 31.

On vient de voir qu'à l'exception des parallèles à l'axe des y, toutes les droites sont exprimées par l'équation $y = ax + b$.

Réciproquement, *le lien géométrique de toute équation du premier degré à deux variables est une ligne droite.*

Toute équation linéaire de ce genre peut être ramenée à la forme

$$Ay + Bx = CD.$$

En la résolvant par rapport à y, on a

$$y = -\frac{B}{A}x + \frac{CD}{A}.$$

En posant $a = -\dfrac{B}{A}$ et $b = \dfrac{CD}{A}$, cette équation s'identifie avec celle de la ligne droite $y = ax + b$. Le lien géométrique est donc une droite dont l'ordonnée à l'origine est $\dfrac{CD}{A}$ et dont l'angle α formé sur l'axe des x est lié à l'angle θ des axes par l'équation

$$\frac{\sin\alpha}{\sin(\theta - \alpha)} = -\frac{B}{A}.$$

La détermination de α par cette équation est l'objet du problème qui suit.

§ 32. Problème 1.

Connaissant l'équation $y = ax + b$ *d'une ligne droite, calculer l'angle qu'elle forme avec l'axe des* x.

Il s'agit de tirer de l'équation

$$\frac{\sin\alpha}{\sin(\theta - \alpha)} = a$$

la valeur d'une des lignes trigonométriques de l'angle α. En chassant le dénominateur et en le développant, on trouve

$$\sin\alpha = a\sin\theta\cos\alpha - a\cos\theta\sin\alpha.$$

Transposant et divisant par $\cos\alpha$, il vient

$$\operatorname{tg}\alpha + a\cos\theta . \operatorname{tg}\alpha = a\sin\theta.$$

De là résulte

$$\operatorname{tg}\alpha = \frac{a\sin\theta}{1 + a\cos\theta}.$$

Lorsque $\theta = 90°$, l'équation se réduit à $\operatorname{tg}\alpha = a$ (§ 30).

§ 33. Problème 2.

Construire une droite dont on connaît l'équation $y = ax + b$.

Ce problème a déjà été résolu sur un exemple (§ 20), comme première application de la méthode générale. Deux points de la droite suffisent pour la tracer avec la règle, et on choisit de préférence les deux points où la droite perce les axes. En faisant $x = o$ on a l'ordonnée à l'origine $y = b$ et en faisant $y = o$, on a l'abscisse à l'origine $x = -\dfrac{b}{a}$.

Pour construire une droite $y = ax$ qui passe par l'origine, on détermine un second point de la droite en attribuant à x une valeur quelconque $x = m$ et en déterminant la valeur correspondante de l'ordonnée $y = am$.

La construction des parallèles aux axes $y = b$, $x = c$ est évidente.

§ 34. Problème 3.

Trouver l'équation d'une droite qui passe par deux points donnés.

L'équation cherchée est de la forme $y=ax+b$, et il s'agit d'en déterminer les constantes a et b.

On connaît les coordonnées des deux points par où la droite doit passer. Nous les représenterons par x', y' pour le premier point et par x'', y'' pour le second (1).

Les deux points devant se trouver sur la droite, il est évident que leurs coordonnées doivent satisfaire à son équation $y=ax+b$. On peut donc remplacer x par x', x'' et y par y', y'' et on a ainsi le système de deux équations

$$[1] \qquad y'=ax'+b\,,$$
$$[2] \qquad y''=ax''+b\,;$$

dans lequel a et b sont les inconnues, x', y', x'' et y'' les données.

En général, pour exprimer qu'un lien géométrique passe par un point donné $x=m$, $y=n$, *il faut introduire les équations du point dans celle de la ligne.*

En retranchant l'équation [2] de [1], il vient

$$y'-y''=a(x'-x'')\,,$$
$$a=\frac{y'-y''}{x'-x''}.$$

En substituant cette valeur dans l'équation [1], on trouve

$$b=y'-\frac{y'-y''}{x'-x''}\cdot x'=\frac{x'y''-y'x''}{x'-x''}\,.$$

L'équation de la droite cherchée est donc

$$y=\frac{y'-y'}{x'-x''}\,x+\frac{x'y''-y'x''}{x'-x''}.$$

Il est aisé de calculer directement le coëfficient a. Les points donnés étant M, N (*fig.* 38) et la droite cherchée DE, si on tire les ordonnées MF$=y'$, NG$=y''$ et que l'on mène en outre NO parallèle à AX, on obtient le triangle NMO dans lequel

---

(1) Les lettres x, y désignent les coordonnées *courantes* de la ligne droite ou courbe, c'est-à-dire les coordonnées d'un point quelconque. Quand on veut considérer des points particuliers on fait usage d'autres lettres ou bien on affecte x et y d'un ou de plusieurs accents. Cependant, lorsque l'ambiguïté ne s'y oppose pas, on se sert également de ces lettres non accentuées pour représenter des coordonnées spéciales.

l'angle $MNO=BCA=\alpha$, l'angle $NMO=CBA=\theta-\alpha$, le côté $NO=GF=x'-x''$ et le côté $MO=y'-y''$. On a donc

$$a=\frac{\sin\alpha}{\sin(\theta-\alpha)}=\frac{MO}{NO}=\frac{y'-y''}{x'-x''}.$$

On trouverait de même la valeur de $b=AB$ en menant par le point B une parallèle à l'axe AX.

§ 35.

On peut éviter la détermination de b. Pour cela on retranche l'équation [1]

$$y'=ax'+b$$

de l'équation générale

$$y=ax+b.$$

On obtient ainsi l'*équation d'une droite passant par le point x', y'*, savoir

[3] $\qquad\qquad y-y'=a(x-x').$

En introduisant dans cette équation la valeur de a tirée des équations [1] et [2], on a pour l'équation de la droite cherchée

[4] $\qquad\qquad y-y'=\dfrac{y'-y''}{x'-x''}(x-x').$

C'est sous cette forme plus régulière que celle du § précédent, que l'équation est usitée.

§ 36.

Il est facile de s'assurer que la droite représentée par l'équation [4] passe par les deux points donnés. En effet, si on y fait $x=x'$, il vient $y=y'$ et si on y fait $x=x''$, il vient $y=y''$.

Si on fait $x'=y'=o$, la droite passe par l'origine et l'équation se réduit à $y=\dfrac{y''}{x''}x$.

Lorsque $y'=y''$, l'équation se réduit à celle de la parallèle à l'axe des x, $y=y'$, et lorsque $x'=x''$ on a $x=x'$, parallèle à l'axe des y. Lorsque les différences $y'-y''$ et $x'-x''$ sont nulles à la fois, le coëfficient a devient $\frac{o}{o}$ et l'équation reste indéterminée. C'est qu'alors en effet les deux points x', y' et x'', y'' se confondent.

§ 37. Problème 4.

Déterminer la distance de deux points donnés.

Soient M, N les deux points (*fig.* 39), x, y les coordonnées de M, x', y' celles de N et la distance cherchée MN$=d$. Si après avoir tracé les coordonnées, on mène NB parallèle à AX, on obtient le triangle NMO dans lequel le côté NO$=x-x'$, le côté MO$=y-y'$ et l'angle NOM$=180°-$MOB$=180°-\theta$. On a donc par l'application d'une formule connue

$$d^2=(x-x')^2+(y-y')^2+2(x-x')(y-y')\cos\theta.$$

Il est facile de constater que l'équation existe pour deux points quelconques du plan, en se conformant à la convention des signes (§ 6).

En prenant la racine carrée et en se bornant à la valeur positive, la seule admissible puisqu'il s'agit d'une longueur absolue, on a

$$d=\sqrt{[(x-x)^2+(y-y')^2+2(x-x')(y-y')\cos\theta.]}$$

En faisant $x=y=o$, on a la distance du point x', y' à l'origine

$$d=\sqrt{(x'^2+y'^2+2x'y'\cos\theta)}.$$

La formule est surtout usitée pour des axes rectangles. Alors $\cos\theta=o$ et on a

$$d=\sqrt{[(x-x')^2+(y-y')^2]}.$$

§ 38. Problème 5.

Trouver l'équation d'une droite qui passe par un point donné et qui soit parallèle à une droite connue.

Soit x', y' le point donné et $y=ax+b$ la droite connue. La droite cherchée devant passer par le point x', y' son équation est de la forme (§ 35)

$$y-y'=a'(x-x').$$

D'ailleurs la droite étant parallèle à la proposée, les angles α, α' que les deux droites forment avec l'axe des x sont égaux, comme correspondants. Il suit de là que le coëfficient $a'=a$, et l'équation demandée est

$$y-y' = a(x-x').$$

En faisant $x'=y'=o$, on a l'équation d'une parallèle à $y=ax+b$, menée par l'origine, savoir

$$y=ax.$$

§ 39. PROBLÈME 6.

Déterminer le point d'intersection de deux droites connues

$$y=ax+b$$
$$y=a'x+b'.$$

Si on représente par x, y les coordonnées du point cherché, ces deux équations constituent un système à deux inconnues x, y ; car le point x, y qui est situé sur les deux droites satisfait aux deux équations.

En général, les points communs à deux lieux géométriques satisfont aux deux équations et réciproquement tous les points qui satisfont aux deux équations sont communs. Il suit de là que *pour obtenir les intersections de deux lignes quelconques, il faut considérer les deux équations comme formant un système, dont les inconnues* x, y *sont les coordonnées des points cherchés.*

La résolution du système proposé conduit à

$$x=\frac{b'-b}{a-a'}, \qquad y=\frac{ab'-ba'}{a-a'}.$$

Si $b'=b$, $x=o$ et $y=b$; les droites se coupent alors sur l'axe des y.

Si $a'=a$, $x=\infty$, $y=\infty$. Ces valeurs infinies montrent le parallélisme des deux droites, qui est une conséquence de l'égalité des coëfficients et a et a'; car cette égalité conduit à celle des angles α et α' qu'elles font avec l'axe des x (§ 32).

Si on avait simultanément $b'=b$ et $a'=a$, les deux droites se confondraient et le point x, y resterait indéterminé.

§ 40. PROBLÈME 7.

Calculer l'angle de deux droites connues y=ax+b, y=a'x+b'.

Représentons par DM et EM (*fig.* 40) les deux droites répondant respectivement aux deux équations. L'angle M des droites est évidemment la différence des angles α' et α qu'elles forment avec l'axe des x ; donc

$$M = a' - a.$$

Cette équation ne résout pas encore le problème. Il s'agit d'évaluer une ligne trigonométrique de l'angle M en fonction des coëfficients a et a' de l'équation ; cette ligne sera la tangente.

En appliquant une formule connue, on a

$$[1] \qquad \operatorname{tg} M = \frac{\operatorname{tg}\alpha' - \operatorname{tg}\alpha}{1 + \operatorname{tg}\alpha \operatorname{tg}\alpha'}.$$

Si les axes sont rectangles, $\operatorname{tg}\alpha = a$ et $\operatorname{tg}\alpha' = a'$ et la formule cherchée est

$$[2] \qquad \operatorname{tg} M = \frac{a' - a}{1 + aa'}.$$

En général, on a ($\S$ 32)

$$\operatorname{tg}\alpha = \frac{a\sin\theta}{1 + a\cos\theta}, \quad \operatorname{tg}\alpha' = \frac{a'\sin\theta}{1 + a'\cos\theta}.$$

En introduisant ces valeurs dans l'équation [1], on trouve, après réductions,

$$[3] \qquad \operatorname{tg} M = \frac{(a' - a)\sin\theta}{1 + aa' + (a + a')\cos\theta}.$$

Cette formule générale est beaucoup moins usitée que la formule [2], qui répond à $\theta = 90°$.

Chacun des deux termes de la formule [3] peut être nul séparément. Si le numérateur est nul, $a' = a$, $\operatorname{tg} M = o$, $M = o$, et les droites sont parallèles.

Si le dénominateur est nul

$$[4] \qquad 1 + aa' + (a + a')\cos\theta = o,$$

$\operatorname{tg} M = \infty$, $M = 90°$ et les droites sont perpendiculaires.

L'équation [4] est donc la relation qui lie les coëfficients a, a' de deux droites formant un angle droit.

Pour des axes rectangles cette équation se réduit à

$$1 + aa' = o.$$

ou

$$aa' = -1.$$

§ 41.

L'équation $aa' = -1$ qui lie les coëfficients de deux droites perpendiculaires pour des axes rectangles, mérite une attention particulière, et il est facile d'en donner une démonstration directe. Les droites étant toujours DM et EM (*fig.* 41), l'angle $\alpha'=90°+\alpha$; donc

$$a'=\operatorname{tg}(90°+\alpha)=-\operatorname{tg}(90°-\alpha)=-\cot\alpha=-\tfrac{1}{a}.$$

§ 42. Problème 8.

Mener par un point donné x', y' *une perpendiculaire à une droite donnée* y=ax+b.

Le point x', y' étant sur la droite cherchée, son équation est de la forme

$$y-y'=a'(x-x').$$

Ensuite, si on suppose les axes rectangles, la perpendicularité des deux droites est marquée par l'équation $aa'=-1$, d'où l'on tire

$$a'=-\tfrac{1}{a},$$

et en introduisant cette valeur, on obtient l'équation demandée

$$y-y'=-\tfrac{1}{a}(x-x').$$

Pour des axes quelconques le coëfficient a' est fourni par l'équation (§ 40)

$$1+aa'+(a+a')\cos\theta=o,$$

d'où l'on tire

$$a'=-\frac{1+a\cos\theta}{a+\cos\theta}.$$

L'équation de la perpendiculaire est donc en général

$$y-y'=-\frac{1+a\cos\theta}{a+\cos\theta}(x-x').$$

§ 43. Problème 9.

Évaluer la distance d'un point donné x', y' *à une droite proposée* y=ax+b.

Nous supposerons d'abord des axes rectangulaires.

La distance cherchée est comprise entre le point donné et le pied de la perpendiculaire abaissée de ce point sur la droite. Si on représente ce second point par x, y et la distance par d, on a (§ 37)

[1] $d = \sqrt{[(x-x')^2 + (y-y')^2]}$.

Le point x, y étant l'intersection des deux droites (§ préc.)

[2] $y = ax + b$

[3] $y - y' = -\frac{1}{a}(x - x')$,

on a pour le déterminer ce système d'équations (§ 39). En le résolvant et en portant les valeurs de x et de y dans l'équation [1], on aurait l'expression cherchée. Mais la résolution se simplifie considérablement si on fait attention que les équations [1] et [3] sont des fonctions des différences des abscisses $x - x'$ et des ordonnées $y - y'$, que l'on peut considérer comme les inconnues. Pour faire intervenir ces inconnues dans l'équation [2], on la met sous la forme

[4] $y - y' = a(x - x') + b + ax' - y'$,

en retranchant y' des deux membres et en ajoutant $-ax' + ax'$ au second membre.

La résolution des équations [3] et [4] conduit à

$$x - x' = \frac{a(y' - ax' - b)}{1 + a^2},$$

$$y - y' = -\frac{y' - ax' - b}{1 + a^2}.$$

En substituant ces valeurs dans [1], il vient, après réductions

[5] $d = \pm\dfrac{y' - ax' - b}{\sqrt{1 + a^2}}$.

Le résultat est affecté du double signe $\pm$, mais on ne doit prendre que celui des deux signes qui rend la valeur de d positive, car il s'agit ici d'une longueur absolue.

En faisant $x' = y' = o$, on a la distance de la droite $y = ax + b$ à l'origine,

[6] $d = \pm\dfrac{-b}{\sqrt{1 + a^2}}$.

§ 44.

La formule [5] est facile à établir directement. Soit M (*fig.* 42) le point donné x', y' et DE la droite $y = ax + b$. La ligne cherchée d est la perpendiculaire MO sur DE. L'angle M est visiblement égal à α ; on a donc, dans le triangle rectangle MOP, $\cos\alpha = d : \text{MP}$ et

$$d = \text{MP}. \cos\alpha.$$

Or $\text{MP} = y' - \text{PN}$, et PN a pour valeur $ax' + b$, puisque cette ligne est l'ordonnée de la droite $y = ax + b$ qui répond à l'abscisse $\text{AN} = x'$. Donc

$$\text{MP} = y' - ax' - b$$

et

$$d = (y' - ax' - b)\cos\alpha.$$

En remplaçant $\cos\alpha$ par sa valeur en fonction de $\tan\alpha = a$, on obtient la formule

$$d = \frac{y' - ax' - b}{\sqrt{1 + a^2}}.$$

§ 45.

La résolution du problème 9 pour des axes obliques est plus compliquée, mais la marche à suivre reste la même. On a les trois équations (§§ 37 et 42)

$$d^2 = (x - x')^2 + (y - y')^2 + 2(x - x')(y - y')\cos\theta$$
$$y - y' = a(x - x') + b - ax' - y',$$
$$y - y' = -\frac{1 + a\cos\theta}{a + \cos\theta}(x - x').$$

On parvient, après toutes les réductions, à la valeur suivante

$$d = \pm\frac{(y' - ax' - b)\sin\theta}{\sqrt{(1 + a^2 + 2a\cos\theta)}}.$$

§ 46. Problème 10.

Mener par un point donné x', y' *une droite qui fasse un angle connu* M *avec une droite donnée* y = ax + b.

L'équation cherchée est de la forme

$$y - y' = a'(x - x').$$

Pour déterminer le coëfficient a', on remarquera que l'angle M donné étant celui des deux droites, si on représente tgM par m, on a l'équation (§ 40, [3])

$$m=\frac{(a'-a)\sin\theta}{1+aa'+(a+a')\cos\theta}.$$

Cette équation fournira la valeur de a'.

§ 47. Théorème 1.

Lorsque trois points sont en ligne droite, les différences des coordonnées sont proportionnelles entre elles.

Soient (x, y), (x', y') et x'', y'') les trois points ; je dis que l'on a cette suite de rapports égaux

$$\frac{y-y'}{x-x'}=\frac{y-y''}{x-x''}=\frac{y'-y''}{x'-x''}.$$

En effet ces trois rapports représentent respectivement les coëfficients des droites passant par les trois points pris deux à deux ($\S$ 34), et par hypothèse ces droites se confondent.

§ 48. Théorème 2.

Les distances de trois points en ligne droite (x, y), (x', y') *et* (x'', y'') *sont proportionnelles aux différences des coordonnées.*

Soit d la distance des deux premiers points et a le coëfficient de la droite. On a les équations ($\S$ 37).

$$d^2=(x-x')^2+(y-y')^2+2(x-x')(y-y')\cos\theta$$

$$\frac{y-y'}{x-x'}=a.$$

En portant la valeur de $y-y'=a(x-x')$ de la seconde équation dans la première, on obtient

$$d^2=(x-x')^2(1+a^2+2a\cos\theta).$$

En désignant par d' la distance du 1er et du 3e point, on trouvera de même

$$d'^2=(x-x'')^2(1+a^2+2a\cos\theta).$$

De là résulte la proportion

$$\frac{d}{d'}=\frac{x-x'}{x-x''}=\frac{y-y'}{y-y''}.$$

Cette double proportion résulte d'ailleurs des triangles semblables MNP, MOR (*fig.* 43), les points proposés étant M, N, O.

5.

§ 49. Problème 11.

Évaluer les coordonnées x, y *d'un point qui divise la distance de deux points donnés* x′, y′ *et* x″, y″ *dans un rapport connu* m : n.

Supposons, pour fixer les idées, que l'on ait $x > x'$ mais $< x''$ et $y > y'$ mais $< y''$. Les parties de la droite comprises entre le point x, y et les extrémités sont proportionnelles aux différences des coordonnées (§ préc.) ; on a donc les deux proportions

$$\frac{x-x'}{x''-x}=\frac{m}{n}, \qquad \frac{y-y'}{y''-y}=\frac{m}{n}.$$

d'où l'on tire

$$x=\frac{mx''+nx'}{m+n}, \qquad y=\frac{my''+ny'}{m+n}.$$

Ces formules se démontrent aisément par une figure. Quand $m=n$, il vient

$$x=\frac{x'+x''}{2}, \qquad y=\frac{y'+y''}{2}.$$

Ainsi *les coordonnées du milieu d'une droite sont égales aux demi-sommes des coordonnées des extrémités de la droite.*

§ 50.

La plupart des questions que nous avons traitées dans ce chapitre sont d'un usage continuel dans l'analyse géométrique, et il est indispensable que l'on soit bien familiarisé avec leurs solutions. Les premiers exercices de la 1ᵉ série, placée à la fin du volume, sont destinés à faire atteindre ce but.

CHAPITRE V.

DU CERCLE.

§ 51.

Nous allons appliquer la méthode des coordonnées à la recherche des principales propriétés du cercle. Cette application ne nous apprendra rien que nous ne connaissions déjà par la Géométrie élémentaire ; mais elle servira à nous initier aux procédés de l'analyse.

§ 52. Équation du cercle (1).

Nous représenterons le rayon du cercle par r.

Pour fixer le cercle par rapport aux axes, il faut les coordonnées du centre C (*fig.* 44). Nous désignerons l'abscisse par α et l'ordonnée par β.

La propriété caractéristique de la courbe c'est que la distance de chacun de ses points x, y au centre α, β est égale au rayon. L'expression analytique de cette condition est l'équation de la circonférence, et pour l'obtenir il suffit de faire $d=r$, $x'=\alpha$ et $y'=\beta$ dans la formule générale de la distance de deux points (§ 37). On obtient ainsi

$$(x-\alpha)^2+(y-\beta)^2+2(x-\alpha)(y-\beta)\cos\theta=r^2.$$

Pour des axes rectangles l'équation se réduit à

[1] $$(x-\alpha)^2+(y-\beta)^2=r^2.$$

En faisant dans cette seconde équation successivement $\alpha=o$ et $\beta=o$, on trouve les équations pour des axes rectangles dont l'un passe par le centre (*fig.* 45 et 46),

$$x^2+(y-\beta)^2=r^2,$$
$$(x-\alpha)^2+y^2=r^2.$$

En posant simultanément $\alpha=\beta=o$, le centre est à l'origine et les axes sont deux diamètres rectangles quelconques (*fig.* 19). L'équation prend alors sa forme la plus simple

[2] $$x^2+y^2=r^2.$$

On emploie encore assez fréquemment l'équation du cercle par rapport à un diamètre pris pour axe des x et à la tangente à son extrémité (*fig.* 47). Cette forme se déduit de [1] en faisant $\beta=o$ et $\alpha=r$. Il vient ainsi après réduction et transposition

---

(1) Nous devons prévenir que nous emploierons souvent le mot *cercle* dans le sens de *circonférence* (*Géom.* § 4).

$$[3] \qquad y^2 = 2rx - x^2 = x(2r - x).$$

§ 53.

Pour établir la théorie du cercle on se sert autant que possible de l'équation [2]

$$x^2 + y^2 = r^2.$$

D'abord il est évident que les coordonnées ont pour limites $+r$ et $-r$.

En résolvant l'équation par rapport à y, on trouve

$$y = \pm \sqrt{(r^2 - x^2)}.$$

Cette expression montre que l'axe des x divise la courbe en deux parties égales, et en prenant la valeur de x, on pourra tirer la même conclusion pour l'axe des y. C'est la propriété bien apparente des diamètres (*Géom.* § 156).

En général, lorsque deux ordonnées rectangulaires y et y' répondant à une même abscisse quelconque AN′ = x (fig. 48), sont égales et de signes contraires, l'axe des x divise la courbe en deux parties superposables.

En effet, si on plie la figure suivant l'axe des x, les ordonnées se recouvriront et le point M coïncidera avec M′. Ainsi chaque point de l'arc supérieur s'appliquera sur un point de l'arc inférieur et les deux arcs se confondront.

Cette propriété s'énonce encore en disant que la courbe est *symétrique* par rapport à l'axe. Deux points M, M′ sont dits symétriques par rapport à une droite quand ils sont également éloignés de la droite et sur une même perpendiculaire à cette ligne.

On voit de même que l'*axe des y divise la courbe en deux parties superposables*, si deux abscisses rectangulaires répondant à une même ordonnée quelconque sont égales et de signes contraires.

§ 54.

Intersection de la circonférence par une droite.

Nous prendrons pour axes deux diamètres rectangles ; l'équation de la circonférence est alors $x^2 + y^2 = r^2$, et celle de la droite est toujours $y = ax + b$.

En désignant par x, y les coordonnées des points d'intersection des deux lignes, on a le système d'équations (§ 39)

$$x^2+y^2=r^2$$
$$y=ax+b.$$

En portant la valeur de y de la 2e équation dans la 1e et en résolvant l'équation résultante, on trouve successivement

$$x^2+a^2x^2+2abx+b^2=r^2,$$

[1] $$x=\frac{-ab\pm\sqrt{[(1+a^2)r^2-b^2]}}{1+a^2}.$$

En introduisant ces deux valeurs de x dans la 2e équation on obtiendra également deux valeurs de y. Les deux systèmes de racines répondent aux deux points d'intersection.

Généralement, si l'équation de la courbe est du n^e degré, l'équation finale résultant de l'élimination de y sera aussi du n^e degré et par conséquent il y aura n racines (réelles, ou imaginaires, ou égales). Il suit de là qu'*une courbe du n^e ordre* (§ 17) *peut être coupée en* n *points (au plus) par une ligne droite.*

§ 55. Discussion.

La quantité $(1+a^2)r^2-b^2$ soumise au radical dans la formule [1], peut être positive, nulle ou négative. Dans le 1er cas les deux racines sont réelles et l'intersection a lieu. Dans le 2d cas les deux racines sont égales, ou ce qui revient au même, se réduisent à une seule, et par suite la valeur de y est aussi unique. Ainsi les deux lignes n'ont qu'un point commun et l'intersection est remplacée par le contact. Dans le 3e cas les deux racines sont imaginaires, et la droite n'atteint pas la circonférence.

Les trois hypothèses sont marquées par les relations

$$(1+a^2)r^2>b^2, \ =b^2 \ \text{ou} \ <b^2,$$

ou, en divisant par $1+a^2$, et en renversant les signes,

$$\frac{b^2}{1+a^2}<r^2, \ =r^2, \ >r^2.$$

Or l'expression $\frac{b^2}{1+a^2}$ est celle du carré de la distance d de la droite à l'origine (§ 43) qui est ici le centre. Donc en prenant les racines carrées, on a

$$d < r, \quad = r, \quad > r.$$

Ainsi la droite coupe le cercle, le touche ou ne l'atteint pas, suivant que sa distance au centre est moindre que le rayon, égale au rayon ou plus grande.

§ 56. 1° MÉTHODE DES TANGENTES.

Équation de tangence d'une droite et d'un cercle.
L'équation

[2]
$$(1 + a^2)r^2 = b^2$$

établit la relation qui lie la tangente et la circonférence.

En général, il existe entre les constantes d'une ligne courbe et celles des droites qui touchent la courbe une relation nécessaire, que l'on peut appeler l'*équation de tangence.*

La méthode que nous avons suivie (§§ 54 et 55) pour arriver à l'équation [2] est applicable à toutes les courbes du second degré, et on peut la formuler de la manière suivante :

Pour obtenir l'équation de tangence d'une courbe du second ordre, on élimine y *entre l'équation de la droite* y=ax+b *et celle de la courbe, on résout l'équation finale et on pose la quantité sous le radical égale à* o.

§ 57.

L'équation de tangence jointe à une condition spéciale, fera connaître les quantités a, b et déterminera la tangente. Veut-on, par exemple, obtenir les équations des tangentes menées d'un point connu x', y' à un cercle donné $x^2 + y^2 = r^2$, on aura les deux équations

$$(1 + a^2)r^2 = b^2,$$
$$y' = ax' + b.$$

§ 58.

La méthode des tangentes que nous venons d'exposer est rarement employée parce qu'elle s'adapte difficilement aux courbes supérieures au 2^d ordre. Nous allons faire connaître un procédé qui est applicable à toutes les courbes, mais auparavant nous devons donner une définition de la *tangente* qui convienne à toutes les courbes.

La Géométrie élémentaire définit la tangente à la circonférence en disant que c'est *une droite qui n'a qu'un point commun avec la courbe*. Considérée d'une manière générale, cette définition est doublement défectueuse. Une droite peut n'avoir qu'un point commun avec une courbe et cependant *couper* la courbe au lieu de la *toucher* (tels sont, par exemple, les axes de la parabole, § 135). Ensuite une tangente en un point d'une courbe peut encore rencontrer la courbe en un ou plusieurs autres points (*fig.* 49); car le contact n'est autre chose que la réunion de deux points d'intersection en un seul.

Si par deux points d'une courbe on fait passer une droite ou *sécante* et si on imagine que l'un de ces points se rapproche continuellement de l'autre, la droite tournant autour du premier point deviendra *tangente* au moment où les deux points coïncideront. On peut donc définir la *tangente* en disant que c'est *une droite qui passe par deux points d'une courbe infiniment proches*.

§ 59. 2e MÉTHODE DES TANGENTES.

Équation de la tangente en fonction des coordonnées du point de contact x', y'.

L'équation cherchée est de la forme (§ 55)

$$[1] \qquad y - y' = a(x - x'),$$

et il s'agit de déterminer le coëfficient a. A cet effet on prend sur la courbe un second point x'', y'' à une distance infiniment petite du premier x', y' et l'on fait passer une droite par ces deux points. Cette ligne est la tangente cherchée, et on a pour évaluer le coëfficient a l'équation (§ 34)

$$a = \frac{y' - y''}{x' - x''}.$$

Aussi longtemps que les coordonnées des deux points diffèreront entre elles, la droite sera une sécante et pour obtenir la tangente il faut faire $x''=x'$ et $y''=y'$. En introduisant ces égalités dans la valeur de a, on tombe dans l'indétermination $a=\frac{0}{0}$; mais l'indétermination cesse lorsqu'on cherche d'abord une autre expression de a en s'appuyant sur la position des deux points x', y' et x'', y'' sur la courbe.

Par suite de cette position les deux points satisfont à l'équation de la courbe, que nous supposons ici être une circonférence rapportée à deux diamètres rectangles, $x^2+y^2=r^2$.

On a donc les deux équations

$$x'^2+y'^2=r^2$$
$$x''^2+y''^2=r^2.$$

En retranchant la 2º de la 1º et en décomposant en facteurs, on trouve

$$(x'+x'')(x'-x'')+(y'+y'')(y'-y'')=0.$$

En divisant par $x'-x''$, puis par $y'+y''$ et en transposant, il vient

$$\frac{y'-y''}{x'-x''}=-\frac{x'+x''}{y'+y''}.$$

On a donc pour une corde ou sécante quelconque

[2] $$a=-\frac{x'+x''}{y'+y''}.$$

Si on veut que la droite soit tangente, il suffit de faire dans l'équation [2] $x''=x'$ et $y''=y'$, ce qui donne

[3] $$a=-\frac{2x'}{2y'}=-\frac{x'}{y'}.$$

En introduisant cette valeur dans [1], on obtient l'équation de la tangente

$$y-y'=-\frac{x'}{y'}(x-x').$$

Cette équation est susceptible de réduction. En chassant le dénominateur, en effectuant la multiplication indiquée et en transposant, il vient

$$yy'+xx'=x'^2+y'^2;$$

or $x'^2+y'^2=r^2$; donc on a

$$[4] \qquad yy' + xx' = r^2 \ (1),$$

§ 60.

Ce procédé s'applique sans peine à toute courbe algébrique dont l'équation ne renferme pas le produit des variables.

S'agit-il, par exemple, de déterminer la tangente à la courbe dont l'équation est (§ 21)

$$y^3 = px^2,$$

on prend les deux équations

$$y'^3 = px'^2, \quad y''^3 = px''^2.$$

En retranchant la seconde de la première, en décomposant en facteurs et en divisant, on trouve successivement

$$(y' - y'')(y'^2 + y'y'' + y''^2) = p(x' - x'')(x' + x''),$$

$$a = \frac{y' - y''}{x' - x''} = \frac{p(x' + x'')}{y'^2 + y'y'' + y''^2}.$$

Ce résultat est le coëfficient de la corde passant par les deux points x', y' et x'', y''. En faisant $x'' = x'$ et $y'' = y'$, il vient pour la tangente

$$a = \frac{2px'}{3y'^2}.$$

L'équation de la tangente est donc

$$y - y' = \frac{2px'}{3y'^2}(x - x'),$$

que l'on peut réduire à

$$3yy'^2 = 2pxx' + y'^3.$$

§ 61.

Pour montrer la marche à suivre lorsque l'équation de la courbe renferme le produit des premières puissances des variables, nous prendrons l'équation (§ 14)

$$xy = p^2.$$

En ôtant l'équation $x''y'' = p^2$ de $x'y' = p^2$, on a

$$x'y' - x''y'' = 0.$$

____

(1) En supprimant les accents, cette équation devient celle de la courbe $y^2 + x^2 = r^2$.

Il s'agit de transformer le premier membre de cette égalité de manière que les différences $y'-y''$ et $x'-x''$ soient en évidence. A cet effet, on observera que $x'y'$ peut se remplacer par $(y'-y'')x'+x'y''$, ce qui donnera

$$(y'-y'')x'+x'y''-x''y''=0,$$

ou

$$(y'-y'')x'+(x'-x'')y''=0.$$

, Le coëfficient de la corde est donc

$$a=\frac{y'-y''}{x'-x''}=-\frac{y''}{x'},$$

et celui de la tangente est

$$a=-\frac{y'}{x'}.$$

§ 62.

Les géomètres ont tracé des règles d'après lesquelles on peut obtenir d'une manière simple et rapide le coëfficient a de la tangente à toute courbe dont on connaît l'équation. Mais ces règles ne sauraient trouver place ici ; elles font partie du *Calcul différentiel*, auquel la méthode des tangentes a donné naissance.

§ 63.

Connaissant l'équation d'une tangente et le point de contact, cette droite peut se construire par le procédé ordinaire (§ 33). Cependant comme on a déjà un de ses points, celui de tangence, il suffit de déterminer encore ou l'abscisse ou l'ordonnée à l'origine.

Par exemple, pour la tangente au cercle (§ 59)

$$yy'+xx'=r^2,$$

en faisant $y=0$, on aura l'abscisse à l'origine

$$x=\frac{r^2}{x'}.$$

Lorsque le point de contact est inconnu, il faut le chercher d'après la condition particulière à laquelle la tangente doit satisfaire.

C'est ce que l'on va voir dans le problème suivant.

§ 64.

Mener une tangente à un cercle par un point donné hors de la circonférence.

Désignons par m l'abscisse et par n l'ordonnée du point donné.

Il s'agit de déterminer le point de contact x', y'. Les axes étant deux diamètres rectangles, l'équation de la tangente est

$$yy' + xx' = r^2.$$

Cette droite devant passer par le point donné m, n on peut faire $y = n$ et $x = m$, ce qui donne

[1] $$ny' + mx' = r^2.$$

D'ailleurs le point cherché x', y' étant sur la courbe, on a pour seconde équation

[2] $$y'^2 + x'^2 = r^2.$$

La résolution de ce système d'équations conduit à

$$x' = \frac{r^2 m \pm rn \sqrt{m^2 + n^2 - r^2}}{m^2 + n^2},$$

$$y' = \frac{r^2 n \mp rm \sqrt{m^2 + n^2 - r^2}}{m^2 + n^2}.$$

La quantité sous le radical $m^2 + n^2 - r^2$ peut être ou $> o$ ou $= o$ ou $< o$. Dans le 1er cas les deux valeurs de x' et de y' sont réelles et il y a deux tangentes. Dans le 2d cas les coordonnées x' et y' n'ont qu'une valeur $x' = m$ et $y' = n$. Enfin dans le troisième cas les valeurs de x' et de y' sont imaginaires et le problème est impossible.

En considérant que $m^2 + n^2$ représente le carré de la distance du point donné au centre, on voit que les trois hypothèses ont lieu selon que le point donné est situé hors du cercle, sur la circonférence ou dans le cercle.

§ 65.

La construction des tangentes par le secours des formules du § précédent serait longue et pénible, et on peut parvenir aux points de contact par un procédé plus simple et plus élégant.

En supprimant les accents dans les équations [1] et [2], il vient

$$ny + mx = r^2,$$
$$y^2 + x^2 = r^2.$$

La première de ces équations représente une ligne droite déterminée et la seconde est la circonférence elle-même. En désignant par x', y' les coordonnées des points d'intersection de ces deux lignes, on retombe sur les équations [1] et [2]. Ainsi les intersections sont les points de contact des tangentes cherchées, et il en résulte la solution suivante.

Soit (*fig.* 50) A le cercle et M le point donné. On construit la droite

$$ny + mx = r^2$$

au moyen des coordonnées à l'origine

$$AB = y = \frac{r^2}{n}, \quad AC = x = \frac{r^2}{m}.$$

Cette droite BC perce la circonférence dans les points D et E, et en joignant MD et ME on obtient les tangentes demandées.

Si on veut retrouver le procédé de la Géométrie élémentaire dans toute sa simplicité, on retranche l'équation [1] de [2], ce qui donne

$$y'^2 - ny' + x'^2 - mx' = o.$$

Il est facile de reconnaître (§ 52) dans cette équation, débarrassée des accents, la circonférence décrite sur AM comme diamètre. Les intersections D, E de cette circonférence avec la proposée sont donc les points de contact cherchés.

§ 66.

On appelle *normale* la perpendiculaire à la tangente, au point de contact.

La partie de l'axe des abscisses comprise entre la normale et l'ordonnée du point de contact, porte le nom de sousnormale.

On désigne de même sous le nom de *soustangente* la partie de l'axe des x, comprise entre la tangente et l'ordonnée du point de contact.

Si par le point M d'une courbe (*fig.* 51) on mène la tangente

TM et MN perpendiculaire sur TM, la ligne MN est une normale au point M.

Si TN représente l'axe des abscisses et MO l'ordonnée du point M, TO est la soustangente et ON la sousnormale.

Quand les axes sont rectangulaires, l'ordonnée MO est moyenne proportionnelle entre la soustangente et la sousnormale.

§ 67.

Équation de la normale au cercle en fonction des coordonnées du point de contact.

Quelle que soit la courbe, si on représente par x', y' le point de contact et par a le coëfficient de la tangente, en supposant les axes rectangulaires, l'équation de la normale sera (§ 42)

$$y-y'=-\tfrac{1}{a}(x-x').$$

En introduisant dans cette équation la valeur de a, on aura l'expression de la normale.

Pour le cercle, $a=-\dfrac{x'}{y'}$. Donc l'équation de la normale au cercle est

$$y-y'=\frac{y'}{x'}(x-x')=\frac{y'}{x'}.x-y',$$

ou bien

$$y=\frac{y'}{x'}.x.$$

Cette droite passe par l'origine, qui est le centre. On retrouve ainsi la propriété de la tangente d'être perpendiculaire au rayon mené au point de contact.

§ 68. Théorème (*Géom.* § 197).

Les parties de deux droites comprises entre un point et une circonférence, forment des produits égaux.

Prenons les deux droites pour axes. L'équation du cercle est

$$(x-\alpha)^2+(y-\beta)^2+2(x-\alpha)(y-\beta)\cos\theta=r^2.$$

6.

En faisant $y=o$, on a l'équation

$$(x-\alpha)^2+\beta^2-2(x-\alpha)\beta\cos\theta=r^2$$

dont les deux racines x, x' sont les segments de l'axe des abscisses compris entre le point donné (origine) et la courbe. En préparant l'équation, il vient

$$x^2-2(\alpha+\beta\cos\theta)x=r^2-\alpha^2-\beta^2-2\alpha\beta\cos\theta.$$

Or on sait que dans l'équation du second degré $x^2+mx=n$, le produit des racines est égal à $-n$; donc

$$xx'=\alpha^2+\beta^2+2\alpha\beta\cos\theta-r^2.$$

En faisant $x=o$ dans l'équation du cercle, on trouvera de même pour le produit de segments de l'autre droite

$$yy'=\alpha^2+\beta^2+2\alpha\beta\cos\theta-r^2.$$

Donc $xx'=yy'$.

§ 69. Théorème (*Géom.* § 182).

L'angle inscrit vaut la moitié de l'angle au centre qui embrasse le même arc.

Prenons pour axes la corde AB (*fig.* 52) qui soustend l'arc et la perpendiculaire CD au milieu de la corde. Désignons la demi-corde par c et par x', y' les coordonnées du sommet de l'angle inscrit M.

Le centre étant sur l'axe des y, l'équation du cercle est

$$x^2+(y-\beta)^2=r^2.$$

En représentant par a et a' les tangentes des angles formés avec l'axe des x par les cordes AM, BM, on a

$$\mathrm{tg}M=\frac{a'-a}{1+aa'}.$$

Or la droite AM passe par les points $(-c, o)$, (x', y') et la droite BM par les points (c, o), (x', y'); donc

$$a=\frac{y'}{x'+c}, \quad a'=\frac{y'}{x'-c}.$$

En introduisant ces valeurs dans celle de tgM, il vient, après réduction,

$$\mathrm{tg}M=\frac{2cy'}{x'^2+y'^2-c^2}.$$

Mais le point M étant sur la circonférence, on a

$$x'^2 + (y' - \beta)^2 = r^2,$$

d'où l'on déduit

$$x'^2 + y'^2 = r^2 - \beta^2 + 2\beta y' = c^2 + 2\beta y'.$$

En substituant cette valeur et en réduisant, on parvient à

$$\operatorname{tg} M = \frac{c}{\beta}.$$

Or dans le triangle DCB on a aussi $\operatorname{tg} C = \dfrac{c}{\beta}$; donc $M = C$.

§ 70.

Intersection de deux circonférences. Discussion.

Soient (*fig.* 55) A et B deux cercles, r et r' les rayons et α la distance AB des centres. Si on prend pour axes la ligne des centres et une perpendiculaire au centre A, les équations des deux circonférences sont

$$x^2 + y^2 = r^2$$
$$(x - \alpha)^2 + y^2 = r'^2.$$

En désignant par x, y les coordonnées des points communs aux deux courbes, ces deux équations constituent un système à deux inconnues.

En retranchant la seconde de la première, on trouve

$$x = \frac{\alpha^2 + r^2 - r'^2}{2\alpha},$$

et en substituant cette valeur dans la première équation, on parvient à

$$y = \pm \frac{1}{2\alpha} \sqrt{[4\alpha^2 r^2 - (\alpha^2 + r^2 - r'^2)^2]}.$$

Les conséquences que l'on peut tirer de ces formules établiront la théorie élémentaire de la comparaison de deux cercles (*Géom.* liv. 3, chap. 2).

Le problème n'admettant que deux solutions, au plus, on voit que *deux circonférences ne peuvent se couper en plus de deux points.*

La valeur unique de x montre que les pieds des ordonnées des deux points d'intersection se confondent, c'est-à-dire que la *ligne des centres est perpendiculaire au milieu de la corde commune.*

Les circonférences se coupent, se touchent ou ne s'atteignent pas, suivant que la quantité sous le radical

$$4\alpha^2 r^2 - (\alpha^2 + r^2 - r'^2)^2$$

est positive, nulle, ou négative. Pour découvrir plus simplement les relations géométriques qui répondent à ces trois hypothèses, on décompose la quantité en facteurs, ce qui fournit le produit

$$P = (\alpha + r + r')(\alpha + r - r')(\alpha - r + r')(r + r' - \alpha).$$

On peut toujours supposer que l'on ait placé l'origine au centre du grand cercle et que l'on ait compté les abscisses positives dans la direction de l'autre centre; on a ainsi $r > r'$, $\alpha > o$, les deux premiers facteurs du produit P sont positifs, et les trois valeurs de P ne dépendent plus que des deux derniers facteurs.

1° $P > o$. Les deux derniers facteurs sont de même signe. En les prenant positifs, on a

$$\alpha - r + r' > o , \quad r + r' - \alpha > o ,$$

d'où

$$\alpha > r - r', \quad \alpha < r + r'.$$

Ainsi, *pour que les circonférences se coupent, il faut que la distance des centres soit moindre que la somme des rayons et plus grande que leur différence.* Ce résultat est évident, si l'on considère que chaque point d'intersection est le sommet d'un triangle ayant pour base la ligne des centres et les rayons pour côtés (*Géom.* §§ 77 et 78).

En prenant les deux facteurs négatifs, on aurait

$$\alpha - r + r' < o , \quad r + r' - \alpha < o ,$$
$$\alpha < r - r', \quad \alpha > r + r'.$$

Ces deux relations sont incompatibles, puisque d'après la 1° α serait être $< r$, tandis que d'après la 2° α serait $> r$.

2° $P = o$. Chacun des deux derniers facteurs peut être nul. On a ainsi

$$\alpha - r + r' = o , \quad \alpha = r - r',$$

ou bien

$$r + r' - \alpha = o , \quad \alpha = r + r'.$$

On voit comme dans le cas précédent qu'il y aurait contra-diction à supposer les deux facteurs nuls à la fois.

Ainsi *le contact de deux circonférences exige que la distance des centres soit égale ou à la somme ou à la différence des rayons* (*Géom.* § 180).

3° $P < o$. Les deux facteurs sont de signes contraires. Si on prend le 1er des deux négatifs

$$\alpha - r + r' < o , \quad \alpha < r - r',$$

l'autre $r + r' - \alpha$ est évidemment positif. Au contraire, si on prend le second négatif,

$$r + r' - \alpha < o , \quad \alpha > r + r',$$

le premier est positif.

Nous croyons superflu d'énoncer la conclusion.

§ 71.

Si on développe l'équation générale de la circonférence rap-portée à des axes rectangles,

[1] $$(x - \alpha)^2 + (y - \beta)^2 = r^2 ,$$

on trouve, en transposant,

[2] $$x^2 + y^2 - 2\alpha x - 2\beta y = r^2 - \alpha^2 - \beta^2 .$$

Cette équation se distingue par l'absence du produit xy des variables et par l'égalité des coëfficients et des signes des car-rés x^2, y^2.

Lorsque ces conditions sont remplies, avec des axes rectangles, l'équation ne peut représenter d'autre ligne que la circonférence.

En effet, toute équation du second degré a deux variables, qui ne renferme pas le produit xy et dans laquelle les coëffi-cients des carrés x^2, y^2 sont égaux et de même signe, peut être ramenée à la forme.

[3] $$x^2 + y^2 + ax + by = c.$$

En comparant cette équation à [2], on voit qu'elles s'iden-tifieront, si on pose

$$-2\alpha = a , \quad -2\beta = b , \quad r^2 - \alpha^2 - \beta^2 = c.$$

Ces égalités déterminent les constantes de l'équation [1]

$$\alpha = -\tfrac{1}{2}a , \quad \beta = -\tfrac{1}{2}b ,$$

$$r = \sqrt{(\alpha^2 + \beta^2 + c)} = \tfrac{1}{2}\sqrt{(a^2 + b^2 + 4c)}.$$

Lorsque c est négatif, la quantité sous le radical peut être nulle ou négative. Dans le premier cas, le lieu géométrique se réduit à un point, le centre. Dans le second cas le rayon est imaginaire et l'équation est impossible en quantités réelles.

On peut éviter le développement de l'équation [1], en donnant la même forme à l'équation [3]. Pour cela on complète les carrés des binomes $x^2 + ax$, $y^2 + by$, ce qui donne

$$(x + \tfrac{1}{2}a)^2 + (y + \tfrac{1}{2}b)^2 = c + \tfrac{1}{4}a^2 + \tfrac{1}{4}b^2.$$

En comparant cette équation à [1], on trouve immédiatement

$$\alpha = -\tfrac{1}{2}a, \quad \beta = -\tfrac{1}{2}b, \quad r = \sqrt{(c + \tfrac{1}{4}a^2 + \tfrac{1}{4}b^2)}.$$

Par exemple, l'équation

$$x^2 + y^2 + 4x - 3y = 5$$

conduit successivement à

$$(x + 2)^2 + (y - \tfrac{3}{2})^2 = 5 + 4 + \tfrac{9}{4} = \tfrac{45}{4},$$
$$\alpha = -2, \quad \beta = \tfrac{3}{2}, \quad r = \tfrac{1}{2}\sqrt{45} = \tfrac{3}{2}\sqrt{5}.$$

Le cercle cherché est représenté dans la figure 54.

§ 72.

En développant l'équation générale du cercle en coordonnés obliques,

$$(x - \alpha)^2 + (y - \beta)^2 + 2(x - \alpha)(y - \beta)\cos\theta = r^2$$

et en ordonnant le premier membre par rapport aux puissances des variables, on trouve pour les trois premiers termes

$$x^2 + y^2 + 2\cos\theta \times xy.$$

Les caractères distinctifs de la circonférence se lisent dans ce trinome ; les coëfficients de x^2 et de y^2 sont égaux et de même signe et l'équation renferme le produit xy ayant pour coëfficient le double du cosinus de l'angle des axes.

Il résulte de là qu'une équation du second degré à deux variables, en coordonnées obliques, qui ne renferme pas le produit des variables, ne saurait représenter une circonférence.

CHAPITRE VI.

DÉFINITIONS, CONSTRUCTIONS ET ÉQUATIONS DES CONIQUES.

§ 73.

Une équation du second degré à deux variables peut représenter trois courbes de formes très-différentes. Les trois courbes du second ordre sont l'*ellipse*, l'*hyperbole* et la *parabole*.

Ces trois lignes se désignent ordinairement sous les noms de *sections coniques* ou simplement de *coniques*, parce qu'on peut les obtenir en coupant un cône droit par un plan.

La circonférence n'est qu'un cas particulier de l'ellipse.

§ 74.

L'*ellipse* (*fig.* 55) est une courbe telle que la somme des distances de chacun de ses points M à deux points fixes F, F′ situés dans le même plan que la courbe, est constante.

Les deux points fixes F, F′ sont les *foyers* de l'ellipse.

Les droites FM, F′M tirées des foyers à un point M de la courbe, sont les *rayons vecteurs* de ce point.

Nous désignerons toujours par 2A la somme invariable (pour une même ellipse) des deux rayons vecteurs de chaque point.

En appelant r et r' les deux rayons vecteurs d'un point quelconque, la propriété caractéristique de la courbe sera exprimée par l'égalité

$$r + r' = 2A.$$

Le milieu O de la droite qui joint les foyers ou de la *distance focale* FF′ est le *centre* de l'ellipse.

La distance OF=OF′ du centre aux foyers, ou la moitié de la distance focale, est l'*excentricité*.

Nous désignerons toujours la distance des foyers par 2C, en sorte que C représentera l'excentricité.

En prolongeant la ligne des foyers jusqu'à la courbe, on obtient le *grand axe* AB.

Les extrémités A , B du grand axe sont les *sommets* de la courbe.

La corde CD perpendiculaire au grand axe, par le centre, est le *petit axe* de l'ellipse.

Nous représenterons toujours le petit axe par 2B.

§ 75.

Le centre de l'ellipse est au milieu des axes.

L'extrémité A du grand axe étant sur la courbe, la somme des rayons vecteurs de ce point est égale à 2A, ou
$$AF + AF' = 2A.$$

Or $AF = AO - FO = AO - C$ et $AF' = AO + OF' = AO + C$; en substituant ces valeurs dans la première égalité, il vient
$$2AO = 2A , \quad AO = A.$$

On trouvera de même $OB = A$. Donc $OA = OB$ et on voit en outre que *le grand axe est égal à* 2A.

Si on mène les rayons vecteurs des extrémités du petit axe CD , on a pour l'extrémité C
$$CF + CF' = 2A.$$

Or $CF = CF'$ comme obliques également éloignées de la perpendiculaire OC sur FF'. Donc
$$CF = CF' = A.$$

On a de même $DF = DF' = A$. Donc FCF'D est une losange et $OC = OD = B$.

§ 76.

Les demi-axes et l'excentricité de l'ellipse sont liés par l'équation
$$A^2 = B^2 + C^2,$$
fournie par le triangle rectangle FCO dans lequel l'hypoténuse $FC = A$, le côté $CO = B$ et le côté $FO = C$.

§ 77.

Construction de l'ellipse par points.

Lorsque l'on connaît deux des trois lignes A , B , C , l'ellipse est déterminée et on peut la tracer par points.

A cet effet, on tire deux perpendiculaires indéfinies AB, CD (*fig.* 56); on porte sur ces lignes à partir de leur intersection les longueurs OA=OB=A et OC=OD=B; du centre C avec le rayon A on trace un arc de cercle qui coupe AB en F et F'. On a ainsi les axes AB, CD et les foyers F, F' de la courbe.

Si au lieu de B on donnait l'excentricité C, on ferait OF=OF', et l'on déterminerait le petit axe en coupant la perpendiculaire CD par un arc décrit du centre F avec le rayon A.

Pour obtenir d'autres points de la courbe, on marque sur le grand axe un point L à volonté entre le centre O et un des foyers F', puis on trace du centre F avec le rayon AL et du centre F' avec le rayon BL deux arcs qui se coupent en M. Le point M est sur l'ellipse, car la somme des rayons vecteurs $=AL+LB=AB=2A$.

Le second point M' d'intersection des arcs appartient également à la courbe, et en échangeant les rayons, on en trouve deux autres points N, N'.

Chaque position du point L fournira quatre points de la courbe; mais la construction ne réussirait pas si le point L était pris au-delà du foyer F'. Il est facile de se rendre compte de cette limite. Chaque point M de la courbe est le sommet d'un triangle dont la base est $FF'=2C$ et dont la somme des côtés $r+r'=2A$. En supposant que r exprime le plus grand des deux rayons vecteurs, on aura (*Géom.* § 78) $r-r'<2C$. En ajoutant cette inégalité à l'équation, on trouve

$$2r<2A+2C, \quad r<A+C=AF'.$$

Ce résultat montre que le grand rayon vecteur AL doit généralement être moindre que $AF'=A+C$. Cette limite n'est atteinte qu'aux extrémités A, B du grand axe, pour lesquelles on a $r-r'=2C$.

Au *maximum* du grand rayon vecteur répond le *minimum* du petit $2A-(A+C)=A-C=AF=F'B$.

§ 78.

Description de l'ellipse d'un mouvement continu.

Pour décrire l'ellipse d'un mouvement continu, on prend

(*fig.* 57) un fil d'une longueur $=2A$; on en fixe les extrémités aux foyers F, F', sur un plan , et on fait glisser le long du fil le bout d'un crayon , de manière que le fil reste toujours tendu sur le plan. La pointe du crayon trace la courbe.

Cette construction est évidente ; mais le petit appareil (comme la plupart de ceux que l'on a inventé pour le tracé des courbes) n'est pas facile à manier.

§ 79.

Équation de l'ellipse par rapport à ses axes.

Nous compterons les abscisses sur le grand axe AB et les ordonnées sur le petit axe CD de la courbe (*fig.* 58).

Menons l'ordonnée $MN=y$ d'un point M de l'ellipse , ce qui donne l'abscisse $ON=x$; tirons en outre les rayons vecteurs $FM=r$, $F'M=r'$.

On a par la nature de la courbe

[1] $$r+r'=2A.$$

D'ailleurs les triangles rectangles FMN , F'MN , dans lesquels le côté $FN=x+FO=x+C$ et le côté $F'N=x-OF'=x-C$, fournissent

[2] $$r^2=y^2+(x+C)^2$$
[3] $$r'^2=y^2+(x-C)^2.$$

En prenant les valeurs de r et de r' dans les équations [2] , [3] et en les introduisant dans [1] , il vient

$$\sqrt{[y^2+(x+C)^2]}+\sqrt{[y^2+(x-C)^2]}=2A.$$

Pour débarrasser cette équation des radicaux , on transpose le second terme , on élève au carré et on réduit. On parvient ainsi au résultat

$$Cx=A^2-A\sqrt{[y^2+(x-C)^2]}.$$

En isolant le troisième terme et en élevant de nouveau au carré , on trouve , après réduction ,

$$A^2y^2+A^2x^2+A^2C^2=A^4+C^2x^2,$$

d'où l'on tire en transposant et en mettant x^2 et A^2 en évidence,

[4] $$A^2y^2+(A^2-C^2)x^2=A^2(A^2-C^2).$$

Telle est l'équation de l'ellipse , rapportée à ses axes , en fonction du demi-grand axe et de l'excentricité.

L'équation se simplifie quand on remplace $A^2 - C^2$ par sa valeur B^2 (§ 76). On trouve ainsi

[5] $$A^2 y^2 + B^2 x^2 = A^2 B^2.$$

En divisant par $A^2 B^2$, l'équation prend la forme

$$\frac{y^2}{B^2} + \frac{x^2}{A^2} = 1.$$

§ 80.

L'élimination des quantités auxiliaires r, r' peut se faire d'une manière plus simple que par le procédé direct que nous avons suivi au § préc.

En retranchant [3] de [2] on trouve, après réduction,

$$r^2 - r'^2 = 4Cx.$$

En divisant cette équation par [1], il vient

$$r - r' = \frac{2Cx}{A}.$$

En ajoutant cette équation à [1] on obtient

[6] $$r = A + \frac{Cx}{A}.$$

Enfin, en introduisant cette valeur dans [2], on parvient, après les réductions, à l'équation [4].

L'équation [6] mérite d'être remarquée ; elle donne l'expression du grand rayon vecteur en fonction de l'abscisse x. La valeur du petit rayon vecteur est

$$r' = 2A - r = A - \frac{Cx}{A}.$$

§ 81.

En faisant dans l'équation [4] $C = o$, elle se réduit à

$$y^2 + x^2 = A^2,$$

qui représente la circonférence du rayon A. On trouve la même chose en faisant $B = A$ dans l'équation [5].

Ce résultat se conçoit aisément. Lorsque l'excentricité est nulle, les deux foyers coïncident avec le centre, les deux rayons vecteurs s'appliquent l'un sur l'autre et la courbe dégénère en une circonférence de même centre et dont le rayon est A.

La circonférence peut donc être considérée comme une ellipse dont les axes sont égaux ou dont l'excentricité est nulle.

§ 82.

Équation de l'ellipse par rapport au grand axe et au sommet gauche.

Au lieu de prendre le centre pour origine, on la place quelquefois à l'extrémité A du grand axe (*fig.* 58). Les axes coordonnés sont alors AB et une perpendiculaire au point A.

Pour obtenir l'équation de la courbe dans ce nouveau système, on part de l'équation primitive

$$A^2 y^2 + B^2 x^2 = A^2 B^2$$

et on y remplace les anciennes coordonnées x, y par leurs fonctions des nouvelles coordonnées, que nous représenterons momentanément par x' et y'. On a visiblement $x = ON = AN - AO = x' - A$ et $y = MN = y'$. Donc la nouvelle équation est

$$A^2 y'^2 + B^2 (x' - A)^2 = A^2 B^2.$$

En supprimant les accents devenus inutiles, en effectuant les opérations indiquées et en réduisant, on trouve

$$A^2 y^2 + B^2 x^2 - 2AB^2 x = 0,$$

d'où l'on déduit

$$y^2 = \frac{B^2}{A^2}(2Ax - x^2).$$

Quand B=A, on retrouve l'équation du cercle rapporté à un diamètre et à la tangente à son extrémité (§ 52, 3).

§ 83.

L'*hyperbole* (*fig.* 59) est une courbe telle que la différence des distances FM, F'M de chacun de ses points M à deux points fixes F, F', situés dans le plan de la courbe, est constante.

Comme pour l'ellipse, les points F, F' sont les *foyers*, les distances d'un point de la courbe aux foyers sont les *rayons vecteurs* du point. Le milieu O de la distance focale FF' est le *centre* et la moitié OF=OF' est l'*excentricité*.

L'excentricité sera encore représentée par C, ou la distance focale par 2C, et nous désignerons par 2A la différence invariable des deux rayons vecteurs.

Comme l'ordre de grandeur des rayons vecteurs n'est pas fixé, la courbe a deux branches MBM′ et NAN′. Pour la première branche les grands rayons vecteurs partent du foyer F et pour la seconde ils émanent du foyer F′.

Les deux branches sont infinies, parce que les rayons vecteurs n'ont pas de limite supérieure. En effet si on représente par r le grand rayon et par $< r'$ le petit rayon d'un point M, on a dans le triangle FMF′,

$$r + r' > 2C$$

et par la nature de la courbe on a

$$r - r' = 2A.$$

La somme et la différence de ces deux relations conduisent aux minimums des deux rayons vecteurs

$$r > C + A , \quad r' > C - A ,$$

mais ces longueurs n'ont pas de maximum.

Contrairement à ce qui a lieu dans l'ellipse, C est $> A$, parce que le côté FF′$= 2C$ du triangle FMF′ est $>$ la différence 2A des deux autres côtés.

§ 84.

La partie AB de la ligne des foyers, comprise entre les deux branches de la courbe, est le *premier axe* ou l'*axe transverse*. Les *extrémités* A et B de cet axe sont les *sommets* de la courbe.

Par suite de la position du sommet A sur la courbe, on a

$$AF' - AF = 2A.$$

Or AF′$=$AO$+$C et AF′$=$C$-$AO. En substituant ces valeurs, il vient

$$2AO = 2A , \quad AO = A.$$

On aura de même OB$=$A. Donc *le centre est au milieu du premier axe et cet axe fait* 2A.

§ 85.

Le *second axe* ou l'*axe non-transverse* est une perpendiculaire CD au centre sur le premier axe. Cette droite ne rencontrant pas la courbe, on en détermine la longueur en décrivant d'un foyer B comme centre avec le rayon C, un arc de cercle qui coupe la perpendiculaire indéfinie dans les points C, D.

7.

Nous désignerons le second axe CD par 2B.

Il est évident que CO=OD=B.

§ 86.

Les trois quantités A, B, C qui sont les côtés du triangle rectangle OCB, sont liées par l'équation

$$C^2 = A^2 + B^2.$$

Lorsque B=A, ou que les axes sont égaux, l'hyperbole est dite *équilatère*. Dans ce cas l'équation se réduit à

$$C^2 = 2A^2.$$

§ 87.

Construction de l'hyperbole par points.

On porte sur une droite FF′ (*fig.* 59) les longueurs OA= OB=A et OF=OF′=C ; on a ainsi le centre, les sommets et les foyers. On marque ensuite un point L à volonté, mais *au-delà du foyer* F′, sur la droite, et on décrit du centre F avec le rayon AL et du centre F′ avec le rayon BL, deux arcs qui se coupent en deux points M et M′ qui appartiennent évidemment à l'hyperbole, attendu que la différence de leurs rayons vecteurs est

$$AL - BL = AB = 2A.$$

En échangeant les rayons on obtient deux autres points N, N′ de la courbe.

La nécessité de marquer les points L au-delà des foyers est motivée par les minimums des rayons vecteurs (§ 83).

L'hyperbole peut être décrite d'une manière beaucoup plus rapide au moyen de ses asymptotes (§§ 14 et 152, 2).

§ 88.

L'hyperbole peut être décrite d'un mouvement continu au moyen d'une règle FR et d'un fil F′MR (*fig.* 60) dont la différence des longueurs soit 2A. Une extrémité de la règle est fixée au foyer F en sorte que la règle puisse tourner autour de ce point comme pivot. Un des bouts du fil est attaché à l'autre extrémité R de la règle et l'autre bout est attaché au foyer F′. On fait glisser une pointe le long de la règle de manière que le fil soit tendu et qu'une partie RM reste appliquée à la règle. Il est visible que la pointe trace dans ce mouvement une portion d'hyperbole.

§ 89.

Équation de l'hyperbole par rapport à ses axes.

On compte les abscisses sur le premier axe et les ordonnées sur le second.

La question se traite absolument de la même manière que pour l'ellipse (§§ 79 et 80). La première forme de l'équation est identique à celle de l'ellipse ([4]) ;

$$A^2 y^2 + (A^2 - C^2) x^2 = A^2 (A^2 - C^2) ;$$

mais dans l'hyperbole la différence $A^2 - C^2$ est négative et égale à $-B^2$ (§ 86). Par la substitution de cette valeur, on obtient

$$A^2 y^2 - B^2 x^2 = -A^2 B^2.$$

On voit que pour passer de l'équation de l'ellipse

$$A^2 y^2 + B^2 x^2 = A^2 B^2$$

à celle de l'hyperbole, il faut changer B^2 en $-B^2$.

L'équation de l'hyperbole équilatère est simplement

$$y^2 - x^2 = -A^2.$$

§ 90.

Équation de l'hyperbole par rapport au premier axe et au sommet droit.

L'axe des x est encore FF' (*fig.* 59), mais celui des y est une perpendiculaire sur FF' au sommet B.

Après ce qui a été dit pour l'ellipse (§ 82), on verra de suite que pour obtenir la nouvelle équation il suffit de remplacer dans la première x par $x + A$. On sera ainsi conduit au résultat suivant

$$y^2 = \frac{B^2}{A^2} (2Ax + x^2).$$

Quand l'hyperbole est équilatère, l'équation se réduit à

$$y^2 = 2Ax + x^2.$$

§ 91.

La *parabole* (que nous avons déjà fait connaître, au § 11) est une courbe RS (*fig.* 61) telle que les distances MF et MH de chacun de ses points M à un point fixe F et à une droite DE situés dans le plan de la courbe sont égales entre elles.

Le point F est le *foyer* de la courbe, la droite DE en est la *directrice* et la droite FM est le *rayon vecteur* du point M.

La perpendiculaire GFX à la directrice, qui passe par le foyer, est l'*axe* de la parabole. Le point A où l'axe perce la courbe, en est le *sommet*.

La courbe dépend uniquement de la distance FG du foyer à la directrice. Nous désignerons toujours la ligne FG par p.

Le sommet A est au milieu de FG, car ce point étant sur la courbe on a AF=AG. Ainsi

$$AF = AG = \tfrac{1}{2}p.$$

La parabole n'a qu'une branche; mais elle est infinie, parce que rien ne limite les distances égales au foyer et à la directrice.

§ 92.

Construction de la parabole par points.

Si du point M (*fig.* 61) on abaisse la perpendiculaire MN sur l'axe, on a

$$FM = MH = GN.$$

Cette relation conduit à la construction suivante.

On abaisse la perpendiculaire FG (*fig.* 62) du foyer F sur la directrice DE, et on prend le milieu A de FG. On a ainsi l'axe et le sommet. Pour obtenir d'autres points de la courbe, on mène des perpendiculaires, telles que MM', sur l'axe, au-delà du sommet, et on coupe chaque perpendiculaire par un arc MM' tracé du centre F avec un rayon égal à la distance GL de la perpendiculaire à la directrice; les points M et M' appartiennent à la parabole.

L'emploi de l'équerre rend cette construction très-rapide.

Il est facile de voir pourquoi les perpendiculaires ne peuvent pas être placées en deçà du sommet A. Chaque point M de la courbe est le sommet d'un triangle isocèle HMF ayant pour côtés le rayon vecteur MF $=r$ et la distance MH à la directrice. On a donc $2r>$FH , et à fortiori $2r>$FG$=p$ et $r>\frac{1}{2}p$. Il suit de là que $\frac{1}{2}p$ est *le minimum des rayons vecteurs.* Cette limite est atteinte au sommet A quand le point M tombe sur l'axe.

§ 93.

La parabole peut être décrite d'un mouvement continu au moyen d'une règle fixe DE (*fig.* 63) qui sert de directrice, d'une équerre mobile BCJ et d'un fil JMF. Ce fil a la même longueur que le côté CJ de l'équerre, et il est attaché par un bout à l'extrémité J de ce côté et par l'autre au foyer F. On maintient le fil tendu au moyen d'un style (ou d'un crayon) appliqué en M contre l'équerre et on fait glisser l'autre côté BC de l'équerre le long de la règle. La pointe du style décrit un arc de parabole, puisque l'on a toujours

$$CM=CJ-MJ=FMJ-MJ=FM.$$

§ 94.

Équation de la parabole par rapport à l'axe et au sommet.

L'axe des x est AFX (*fig.* 61) et l'axe des y est la perpendiculaire sur AX au sommet A.

En abaissant l'ordonnée MN$=y$ du point M de la courbe, on a AN$=x$. Le caractère de la courbe consiste dans l'égalité du rayon vecteur MF et de la perpendiculaire MH sur la directrice DE,

$$FM=MH.$$

Or le triangle rectangle MNF fournit

$$FM=\sqrt{(y^2+\overline{FN}^2)}=\sqrt{[y^2+(\tfrac{1}{2}p-x)^2]}$$

et on a visiblement

$$MH=GN=\tfrac{1}{2}p+x.$$

En substituant ces valeurs dans la première égalité, il vient

$$\sqrt{[y^2+(\tfrac{1}{2}p-x)^2]}=\tfrac{1}{2}p+x.$$

En chassant le radical et en réduisant on parvient à

$$y^2=2px.$$

Telle est l'équation la plus simple de la parabole.

Le coëfficient $2p$ porte le nom de *paramètre.*

CHAPITRE VII.

TANGENTES AUX SECTIONS CONIQUES.

I. Méthode analytique.

§ 95.

Équations des tangentes aux sections coniques en fonctions des coordonnées x′, y′ *des points de contact.*

En appliquant la méthode du § 59 aux trois équations

$$A^2 y^2 + B^2 x^2 = A^2 B^2$$
$$A^2 y^2 - B^2 x^2 = -A^2 B'^2,$$
$$y^2 = 2px,$$

on parviendra sans peine aux résultats suivants :

1° Ellipse.   Coëfficient $a = -\dfrac{B^2 x'}{A^2 y'}$,

tangente $A^2 yy' + B^2 xx' = A^2 B^2$.

2° Hyperbole.   Coëfficient $a = \dfrac{B^2 x'}{A^2 y'}$,

tangente $A^2 yy' - B^2 xx' = -A^2 B^2$.

3° Parabole.   Coëfficient $a = \dfrac{p}{y'}$,

tangente $yy' = p(x + x')$.

§ 96.

Lorsque le point de contact est un sommet de la courbe, l'ordonnée $y' = o$ et par suite le coëfficient $a = \infty$ dans chacune des trois lignes.

Il suit de là que *les tangentes aux sommets des sections coniques sont perpendiculaires sur les axes.*

Aux extrémités du petit axe de l'ellipse, $x' = o$ et $a = o$. Cette valeur montre que les tangentes aux extrémités du petit axe lui sont perpendiculaires ou parallèles au grand axe.

§ 97.

Si dans l'équation de la tangente à la parabole

$$yy' = p(x + x')$$

on fait $y = o$, on trouve pour l'abscisse à l'origine

$$x = -x'.$$

En faisant abstraction du signe —, qui marque la position de l'abscisse x à gauche de l'origine, ce résultat montre que *dans la parabole la partie* AT *de l'axe* (*fig.* 64) *comprise entre la tangente et le sommet* A *est égale à l'abscisse* AN *du point de contact.*

§ 98.

Pour mener, par l'analyse, des tangentes à une section conique par un point donné m, n hors de la courbe, il faudrait déterminer le point de contact x', y', en combinant l'équation de la courbe avec celle de la tangente appliquée au point m, n, d'après le procédé qui a été décrit sur le cercle (§§ 64 et 65). Par exemple, pour l'hyperbole, on aurait le système d'équations

$$A^2 y'^2 - B^2 x'^2 = -A^2 B^2,$$
$$A^2 ny' - B^2 mx' = -A^2 B^2.$$

Nous nous bornerons à mentionner ce mode de solution, beaucoup plus compliqué que celui que la synthèse va nous fournir.

Nous croyons également superflu de consigner ici les *équations de tangence* des sections coniques, dont on fait rarement usage. La recherche de ces équations n'offre d'ailleurs aucune difficulté (§ 56).

§ 99.

Équations des normales aux sections coniques, en fonctions des coordonnées des points de contact x', y'.

Pour obtenir ces équations il suffit (§ 67) d'introduire dans l'équation générale

$$y - y' = -\tfrac{1}{a}(x - x')$$

les valeurs particulières du coëfficient a de la tangente.

Par exemple, la normale à la parabole est (§ 95)

$$y - y' = -\frac{y'}{p}(x - x').$$

En faisant dans cette équation $y=o$, x devient l'abscisse à l'origine et on trouve

$$x - x' = p.$$

Or, en tirant la normale MO du point M (*fig.* 64) , on a $x=$ AO et $x'=$ AN ; donc $x - x' =$ NO $=$ la sousnormale. Donc *dans la parabole la sousnormale est constante et égale au demi-paramètre* p.

II. Méthode synthétique.

§ 100.

Les tangentes aux sections coniques sont liées aux rayons vecteurs des points de contact par des relations fort impor-tantes , que la synthèse établit avec une extrême simplicité.

Dans ce qui va suivre la *tangente* sera considérée comme une droite n'ayant qu'un point commun avec la courbe , d'après l'acception primitive du mot.

§ 101. Théorème 1.

La bissectrice MA (*fig.* 65) *de l'angle extérieur* F'MB *des deux rayons vecteurs* MF, MF' *d'un point* M *de l'ellipse est tangente à ce point.*

Il s'agit de démontrer que la droite MA n'a que le point M sur la courbe. Prenons sur la droite un autre point quelconque C et joignons le aux foyers. Ce point ne sera pas situé sur la courbe si la somme FC$+$CF' est différente de 2A. Pour constater cette inégalité , nous porterons sur le prolongement du rayon vecteur FM une distance MB$=$MF' et nous join-drons BC. Nous aurons ainsi FB$=$2A. D'ailleurs les triangles CMF', CMB sont égaux , à cause de l'angle $m=n$, du côté com-mun CM et des côtés F'M$=$MB. Donc CF'$=$CB et partant FC$+$CF'$=$FC$+$CB. Or, dans le triangle FBC , FC$+$CB est $>$FB$=$2A. Donc FC$+$CF' est $>$2A, et le point C n'est pas sur l'ellipse.

§ 102. Corollaire.

La bissectrice MN *de l'angle* FMF' *des rayons vecteurs d'un point* M *de l'ellipse est normale à ce point.*

En combinant cette propriété avec la loi de la réflexion du son, de la chaleur et de la lumière, on démontre, dans les traités de Physique, que la réflexion sur les surfaces elliptiques s'opère de telle sorte que les rayons sonores, calorifiques ou lumineux émanant d'un foyer sont dirigés vers l'autre foyer.

§ 103. PROBLÈME 1.

Mener des tangentes à une ellipse proposée par un point donné sur la courbe ou en dehors.

1° Si le point donné M (*fig.* 65), est situé sur la courbe, on mène les deux rayons vecteurs du point, on prolonge l'un d'eux et on tire la bissectrice de l'angle résultant.

2° Soit en second lieu le point donné soit C situé hors de la courbe. La ligne CM tirée au point M de la courbe, résoudra le problème, si elle est bissectrice de l'angle extérieur F'MB des rayons vecteurs du point M. En admettant que cette condition soit satisfaite, et en répétant la construction et le raisonnement du théorème (§ 101), on obtient le triangle FBC, dans lequel le côté FB=2A et CB=CF'. On aura donc le point B en décrivant des arcs des centres F et C avec les rayons 2A et CF'. En joignant FB on aura le point de contact M. Le second point d'intersection B' des arcs fournira une seconde solution du problème.

La construction est réalisée dans la figure 66.

§ 104. THÉORÈME II.

La bissectrice MA (fig. 67) de l'angle FMF' des deux rayons vecteurs d'un point M de l'hyperbole est tangente à ce point.

La démonstration se fait comme pour l'ellipse. On prend MB=MF', pour avoir FB=2A, et on joint un point C quelconque de AM aux trois points F, F' et B. Les triangles CMF', CMB étant égaux, on a

$$CF—CF'=CF—CB,$$
$$CF—CB<FB=2A.$$

Donc CF—CF' est <2A et le point C n'est pas sur la courbe.

§ 105. Corollaire.

La bissectrice de l'angle extérieur des deux rayons vecteurs d'un point de l'hyperbole est normale à ce point.

§ 106. Problème II.

Mener des tangentes à une hyperbole par un point donné ou sur la courbe ou en dehors.

Lorsque le point donné est sur la courbe, la solution est évidente.

La construction des tangentes partant d'un point donné hors de la courbe s'effectue de la même manière que pour l'ellipse (*fig.* 68).

§ 107. Théorème III.

La bissectrice MB (*fig.* 69) *de l'angle* FMH *formé par le rayon vecteur* FM *d'un point* M *de la parabole et la distance* FH *de ce point à la directrice, est tangente au point* M.

D'un point C de MB on abaisse la perpendiculaire CJ sur la directrice et l'on tire CH et CF. Les triangles CMH, CMF étant égaux, CF=CH. Or l'oblique CH est $>$ la perpendiculaire CJ ; donc CJ est $<$ CF, et le point C n'appartient pas à la courbe. On voit par là que la droite MB n'a que le seul point M sur la courbe.

§ 108.

La perpendiculaire MH étant parallèle à l'axe FG de la parabole, il en résulte que la tangente MB forme avec l'axe et le rayon vecteur un triangle isocèle BMF dont la tangente est la base. En effet, l'angle MBF=m, comme alternes, =n.

Cette remarque abrège considérablement la construction de la *tangente à un point donné* M *de la parabole*, quand le foyer et l'axe sont connus. On prend simplement FB=FM et on joint BM.

§ 109. Problème III.

Mener des tangentes à une parabole proposée par un point C donné hors de la courbe (fig. 69).

La ligne CM tirée du point C à un point M de la courbe, sera tangente si les angles *m* et *n* qu'elle forme avec la perpendiculaire HM sur la directrice et le rayon vecteur FM sont égaux ; mais alors les triangles CMH , CMF sont égaux et par conséquent la ligne CM est bissectrice de l'angle HCF.

De là résulte la construction suivante. Du point C (*fig.* 70) comme centre et avec le rayon CF on décrit une circonférence qui coupe la directrice dans les points H , H′, et on trace les bissectrices CM , CM′ des angles FCH et FCH′. Ces lignes sont les tangentes cherchées.

§ 110.

Il est aisé de déduire du dernier théorème la conséquence que *la bissectrice MN (fig. 69) de l'angle FMP , formé en un point M de la parabole par le rayon vecteur MF et une parallèle MP à l'axe, est normale au point M.*

Cette propriété explique les effets des *miroirs paraboliques*, dont on trouve la description dans les traités de Physique ; les rayons de lumière ou de chaleur qui émanent d'un foyer sont réfléchis parallèlement à l'axe, et , réciproquement, ceux qui arrivent parallèlement à l'axe , vont après la réflexion se concentrer au foyer.

§ 111. Théorème IV.

Les pieds des perpendiculaires abaissées des foyers d'une ellipse sur les tangentes à la courbe , sont situés sur la circonférence décrite sur le grand axe comme diamètre.

Je mène un rayon vecteur FM (*fig.* 71); je le prolonge d'une quantité MB égale à MF′, je joins BF′; je prends le milieu M de cette droite , et je joins MN. La ligne MN , médiane sur la base du triangle isoscèle MBF′, est bissectrice de l'angle du sommet et perpendiculaire sur la base. Cette ligne est donc tangente à l'ellipse et le point N est le pied de la perpendiculaire abaissée du foyer F sur cette tangente. Or la droite ON menée de ce point au centre O de l'ellipse, vaut $\frac{1}{2}FB = A$, puisque les points N et O sont les milieux des côtés FF' et BF' du triangle FBF'.

On démontre de même que *les pieds des perpendiculaires abaissées des foyers de l'hyperbole sur les tangentes, sont situés sur la circonférence décrite sur le premier axe comme diamètre.*

§ 112. Théorème V.

La tangente au sommet de la parabole est le lieu géométrique des pieds des perpendiculaires abaissées du foyer sur les tangentes.

Tirez le rayon vecteur MF (*fig.* 72), la perpendiculaire MH sur la directrice et la ligne FH. Joignez le milieu N de FH au point M et au sommet A de la courbe. Dans le triangle isoscèle HMF la droite MN est tangente et perpendiculaire à FN. Or la ligne NA joint les milieux de deux côtés dans le triangle GHF et conséquemment NA est parallèle à HG ou perpendiculaire à GF.

CHAPITRE VIII.

DES DIAMÈTRES DE L'ELLIPSE.

§ 113.

On va voir que le centre de l'ellipse, c'est-à-dire le milieu de la distance focale ou l'intersection des axes (§ 74), est le milieu de toutes les cordes qui y passent. On reconnaîtra plus loin que le centre de l'hyperbole (§ 83) jouit de la même propriété.

On désigne généralement sous le nom de *centre* un point qui divise en deux parties égales toutes les cordes qui y passent.

Le mot *corde* signifie, comme dans la Géométrie élémentaire, une droite terminée dans une courbe.

La parabole est privée de centre et les deux autres sections coniques n'en ont qu'un seul (§ 182).

Toute corde qui passe par le centre d'une courbe, porte le nom de *diamètre*.

Nous appellerons *droite centrale* ou simplement *centrale* toute droite *indéfinie* menée par le centre d'une courbe.

§ 114.

Si on imagine dans une courbe quelconque une infinité de cordes parallèles entre elles et si on prend les milieux de toutes ces cordes, il en résultera une ligne droite ou courbe, que nous désignerons sous le nom de *médiane*.

Une *médiane* est donc le lieu géométrique des milieux d'un système de cordes parallèles (1).

On démontrera que les médianes de l'ellipse et de l'hyperbole sont des diamètres et que les médianes de la parabole sont des droites parallèles à l'axe.

§ 115.

Dans tout ce chapitre l'ellipse sera rapportée à ses axes, en sorte que l'équation de la courbe en coordonnées rectangulaires sera

$$A'y^2 + B'x^2 = A'B^2.$$

§ 116. Théorème.

Les coordonnées des extrémités de tout diamètre de l'ellipse sont égales et de signes contraires.

Le centre étant l'origine des coordonnées, l'équation de toute droite centrale est

$$y = ax.$$

En combinant cette équation avec celle de la courbe,

$$A'y^2 + B'x^2 = A'B^2,$$

(1) Ce lieu géométrique est appellé *diamètre* par la plupart des auteurs. Pour éviter la confusion, nous avons cru devoir réserver cette dénomination pour les cordes centrales.

8.

les inconnues du système sont les coordonnées des extrémités du diamètre. En éliminant y, on trouve l'équation

$$(A^2a^2+B^2)x^2=A^2B^2,$$

dont les racines x, x' sont

$$x=\frac{AB}{\sqrt{(A^2a^2+B^2)}}, \quad x'=-\frac{AB}{\sqrt{(A^2a^2+B^2)}}.$$

En introduisant ces valeurs dans la première équation, on obtient les valeurs correspondantes y et y' de l'autre inconnue

$$y=\frac{ABa}{\sqrt{(A^2a^2+B^2)}}, \quad y'=-\frac{ABa}{\sqrt{(A^2a^2+B^2)}}.$$

Ces résultats démontrent le théorème, puisque x, y sont les coordonnées de l'une extrémité du diamètre et x', y' celles de l'autre.

§ 117. Corollaires.

1. *Le centre est le milieu de tous les diamètres de l'ellipse.*

En désignant par x, y les coordonnées d'une extrémité d'un diamètre, celles de l'autre extrémité sont $-x$, $-y$ et les deux parties d, d' du diamètre comprises entre le centre (origine) et la courbe ont pour valeurs

$$d=\sqrt{(x^2+y^2)}$$
$$d'=\sqrt{[(-x)^2+(-y)^2]}=\sqrt{(x^2+y^2)}=d.$$

2. *Les deux tangentes aux extrémités de tout diamètre de l'ellipse sont parallèles entre elles.*

En effet, (x, y) et $(-x, -y)$ étant les points de contact, les coëfficients des tangentes sont

$$a=-\frac{B^2x}{A^2y},$$
$$a'=-\frac{B^2.-x}{A^2.-y}=-\frac{B^2x}{A^2y}=a.$$

§ 118.

Expression d'un demi-diamètre d *de l'ellipse en fonction de la tangente* a *de l'angle qu'il forme avec le grand axe.*

En portant dans l'équation

$$d=\sqrt{(x^2+y^2)}$$

les valeurs de x et de y déduites (§ 116) des équations
$$y = ax, \quad A^2 y^2 + B^2 x^2 = A^2 B^2,$$
on trouve

[1] $$d = AB.\sqrt{\frac{1+a^2}{A^2 a^2 + B^2}}.$$

Pour $a = o$, il vient $d = A$, et pour $a = \infty$, on trouve, en divisant par a^2 les deux termes de la quantité sous le radical, $d = B$.

Dans le cercle, $B = A$ et on a toujours $d = A$.

La valeur de d ne change pas quand on change a en $-a$. On infère de là que *deux diamètres également inclinés sur les deux moitiés du grand axe sont égaux.*

§ 119.

En appelant α, l'angle que le demi-diamètre d forme avec le grand axe, on a
$$a = \mathrm{tg}\,\alpha = \frac{\sin\alpha}{\cos\alpha}.$$

En introduisant cette valeur dans la formule [1], on parvient à

[2] $$d = \frac{AB}{\sqrt{(A^2 \sin^2\alpha + B^2 \cos^2\alpha)}}.$$

Le triangle rectangle OMN (*fig.* 73) conduit plus directement à cette expression. En effet, on a
$$y = d\sin\alpha, \quad x = d\cos\alpha$$
et en substituant ces valeurs dans l'équation
$$A^2 y^2 + B^2 x^2 = A^2 B^2,$$
il vient
$$A^2 d^2 \sin^2\alpha + B^2 d^2 \cos^2\alpha = A^2 B^2.$$

§ 120.

En remplaçant dans la formule [2] A^2 par $B^2 + C^2$, on trouve, après réduction
$$d = \frac{AB}{\sqrt{(B^2 + C^2 \sin^2\alpha)}}.$$
La valeur de d diminue à mesure que celle de $\sin\alpha$ augmente.

Le maximum de d répond à $\sin\alpha = o = \sin o°$ et le minimum à $\sin\alpha = 1 = \sin 90°$. Ces limites étant les demi-axes A et B, on voit que *le grand axe est le plus grand et que le petit axe est le plus petit des diamètres de l'ellipse.*

§ 121.

Équation des médianes de l'ellipse.

Il s'agit de trouver l'équation de la ligne des milieux d'un système de cordes parallèles. Cette équation dépend visiblement de l'inclinaison du système sur le premier axe ; on doit donc avoir comme donnée du problème la tangente a de l'angle que les cordes forment avec cet axe.

Soit

$$y = ax + b$$

l'équation d'une des cordes ; désignons par x', y' et x'', y'' les coordonnées des extrémités de la corde et par α, β celle de son milieu. Les quantités α, β sont les coordonnées courantes du lieu géométrique cherché.

D'après une relation connue (§ 49), on a

$$\alpha = \frac{x' + x''}{2}, \quad \beta = \frac{y' + y''}{2}.$$

Or les coordonnées des extrémités de la corde satisfont aux deux équations

$$y = ax + b,$$
$$A^2 y^2 + B^2 x^2 = A^2 B^2.$$

En éliminant y, il vient

$$A^2 a^2 x^2 + 2A^2 abx + A^2 b^2 + B^2 x^2 = A^2 B^2;$$
$$x^2 + \frac{2A^2 ab}{A^2 a^2 + B^2} x = \frac{A^2(B^2 - b^2)}{A^2 a^2 + B^2}.$$

Les abscisses, x', x'' étant les racines de cette équation, la somme $x' + x''$ est égale à moins le coëfficient de x. Par suite de cette valeur on a

$$\alpha = -\frac{A^2 ab}{A^2 a^2 + B^2}.$$

D'ailleurs le point α, β étant situé sur la corde, on a encore

$$\beta = a\alpha + b.$$

En éliminant b entre ces deux équations, on trouve, après réduction,

$$\beta = -\frac{B^2}{A^2 a}\alpha.$$

Ce résultat représentant une droite passant par l'origine, on voit que

Les médianes de l'ellipse sont des diamètres.

En remplaçant α et β par x et y, conformément à la notation ordinaire, l'équation des médianes sera

$$y = -\frac{B^2}{A^2 a}x.$$

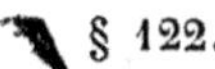 § 122.

En désignant le coëfficient $-\dfrac{B^2}{A^2 a}$ de cette équation par a', on aura $a' = -\dfrac{B^2}{A^2 a}$ et

$$aa' = -\frac{B^2}{A^2}.$$

Telle est la relation qui lie le coëfficient a d'un système de cordes parallèles à celui a' de leur médiane.

En faisant $B = A$, il vient $aa' = -1$ et on retrouve la propriété des diamètres du cercle d'être perpendiculaires aux cordes qu'ils divisent en deux parties égales.

§ 123. Problème.

Une ellipse étant tracée, déterminer son centre, ses axes et ses foyers (fig. 74).

On tire deux cordes parallèles et par leurs milieux on en fait passer une troisième EG. Celle-ci est un diamètre et son milieu O est le centre. On coupe l'ellipse par un arc de cercle tracé du centre O avec le rayon OG, et on obtient ainsi le diamètre JH = EG. La bissectrice AB de l'angle HOG est le grand axe, et le reste est évident.

§ 124.

Tout diamètre de l'ellipse est une médiane.
L'équation des médianes étant

$$y=-\frac{B^2}{A^2 a}x$$

et celle des diamètres

$$y=a'x\,,$$

les deux lignes se confondent quand on pose

$$-\frac{B^2}{A^2 a}=a'\,,$$

d'où l'on tire

$$a=-\frac{B^2}{A^2 a'}.$$

Cette formule fournit la tangente a de l'angle que les cordes doivent faire avec le grand axe, quel que soit le coëfficient a' du diamètre donné.

§ 125.

1. On appelle *diamètres conjugués* dans l'ellipse deux diamètres liés par la relation

$$aa'=-\frac{B^2}{A^2}\,,$$

a et a' désignant les tangentes des angles que les diamètres forment avec le grand axe.

Comme cette relation est précisément celle qui lie chaque diamètre au système des cordes qu'il divise en deux parties égales, il s'ensuit évidemment que *chacun de deux diamètres conjugués passe par les milieux des cordes parallèles à l'autre.*

2. *Pour construire le conjugué d'un diamètre donné* EG *(fig. 75)*, on lui mène une corde parallèle LM et on tire un second diamètre JH par le milieu de cette corde. Le diamètre JH est le conjugué de EG.

3. Dans le cercle, où B=A, $aa'=-1$ et les diamètres conjugués sont perpendiculaires entre eux.

4. Les deux axes de l'ellipse sont deux diamètres conjugués

et c'est le seul système rectangulaire ; tous les autres sont obliques.

Pour trouver le conjugué du grand axe, il faut faire $a=o$ dans l'équation $aa'=-\dfrac{B^2}{A^2}$, ce qui conduit à $a'=-\infty$, valeur qui répond visiblement au petit axe.

5. *L'ellipse a deux diamètres conjugués égaux.* Pour les obtenir, on fait $a'=-a$ (§ 118), ce qui donne

$$aa'=-a^2=-\frac{B^2}{A^2},$$

$$a=\frac{B}{A}, \quad a'=-\frac{B}{A}.$$

Les équations de ces diamètres sont donc

$$y=\frac{B}{A}x, \quad y=-\frac{B}{A}x,$$

et pour les construire on peut prendre $x=A$, d'où résulte $y=B$, $y=-B$ (*fig.* 76) (voir le § 132).

§ 126.

Les tangentes aux extrémités d'un diamètre de l'ellipse sont parallèles au diamètre conjugué.

Soit $y=ax$ le premier diamètre et x', y' une de ses extrémités. En désignant par t le coëfficient de la tangente à ce point, on a (§ 95)

$$t=-\frac{B^2 x'}{A^2 y'}=-\frac{B^2}{A^2 a},$$

à cause de $y'=ax'$.

Or a' représentant le coëfficient du diamètre conjugué, on a

$$aa'=-\frac{B^2}{A^2},$$

d'où l'on tire

$$a'=-\frac{B^2}{A^2 a}=t.$$

Cette propriété fournit la solution du problème suivant :

Mener des tangentes à une ellipse proposée qui soient parallèles à une droite donnée.

On tire (*fig. 77*) une corde parallèle à la droite donnée et un diamètre par le milieu de cette corde. Les extrémités du diamètre sont les points de contact.

§ 127. Théorème.

La somme des carrés de deux diamètres conjugués de l'ellipse est égale à la somme des carrés des axes.

Nous exprimerons dorénavant par A' et B', les longueurs de deux demi-diamètres conjugués.

Le théorème se réduit à l'équation
$$A'^2 + B'^2 = A^2 + B^2.$$

Pour établir cette égalité, on a les trois équations (§§ 125 et 118)

$$aa' = -\frac{B^2}{A^2},$$

$$A'^2 = \frac{A^2 B^2 (1 + a^2)}{A^2 a^2 + B^2}, \quad B'^2 = \frac{A^2 B^2 (1 + a'^2)}{A^2 a'^2 + B^2},$$

entre lesquelles il faut éliminer les quantités auxiliaires a et a'. A cet effet, on prend les valeurs de a^2 et de a'^2 dans les deux dernières équations, ce qui donne

$$a^2 = \frac{B^2 (A^2 - A'^2)}{A^2 (A'^2 - B^2)}, \quad a'^2 = \frac{B^2 (A^2 - B'^2)}{A^2 (B'^2 - B^2)},$$

et on introduit ces valeurs dans le carré de la première équation

$$a^2 a'^2 = \frac{B^4}{A^4}.$$

On obtient ainsi, après réduction,
$$\frac{(A^2 - A'^2)(A^2 - B'^2)}{(A'^2 - B^2)(B'^2 - B^2)} = 1.$$

En chassant le dénominateur, en effectuant les produits indiqués et en réduisant, on trouve
$$A^4 - A^2 (A'^2 + B'^2) = B^4 - B^2 (A'^2 + B'^2),$$

d'où l'on tire
$$A^4 - B^4 = (A^2 - B^2)(A'^2 + B'^2)$$

et en divisant par $A^2 - B^2$,
$$A^2 + B^2 = A'^2 + B'^2.$$

Pour les diamètres conjugués égaux, l'équation se réduit à
$$2A'^2 = A^2 + B^2.$$

§ 128. Théorème.

Le parallélogramme LMNO *(fig. 78) construit sur deux diamètres conjugués de l'ellipse est équivalent au rectangle* PQRS *construit sur les axes.*

Au fond, le théorème revient à l'équation

$$A'.B'\sin(\alpha-\alpha')=A.B,$$

dans laquelle α et α' désignent les angles formés sur le grand axe par les diamètres. En effet, l'angle des diamètres est $\alpha-\alpha'$ et par conséquent l'aire du parallélogramme est $2A'.2B'\sin(\alpha-\alpha')=4A'B'\sin(\alpha-\alpha')$, tandis que l'aire du rectangle vaut $4AB$.

Nous poserons, pour abréger,

$$A'B'\sin(\alpha-\alpha')=P.$$

Pour avoir l'expression de P en fonction de A et B, nous chercherons d'abord celle de $\sin(\alpha-\alpha')$ au moyen de $a=\operatorname{tg}\alpha$ et de $a'=\operatorname{tg}\alpha'$. Cette première valeur s'obtient par les transformations suivantes :

$$\sin(\alpha-\alpha')=\sin\alpha\cos\alpha'-\cos\alpha\sin\alpha'=\cos\alpha\cos\alpha'(a-a')$$
$$=\frac{a-a'}{\sqrt{(1+a^2)(1+a'^2)}}.$$

On a d'ailleurs (§ préc.)

$$A'B'=A^2B^2\sqrt{\frac{(1+a^2)(1+a'^2)}{(A^2a^2+B^2)(A^2a'^2+B^2)}}.$$

En faisant le produit de ces valeurs, il vient, après réduction,

$$P=\frac{A^2B^2(a-a')}{\sqrt{[(A^2a^2+B^2)(A^2a'^2+B^2)]}}.$$

La réduction ultérieure s'opère par la relation

$$aa'=-\frac{B^2}{A^2},$$

qui fournit

$$B^2=-A^2aa',$$
$$A^2a^2+B^2=A^2(a^2-aa')=A^2a(a-a')$$
$$A^2a'^2+B^2=A^2(a'^2-aa')=-A^2a'(a-a').$$

La substitution de ces valeurs conduit à

$$P=B^2\times\frac{1}{\sqrt{-aa'}}=B^2.\frac{A}{B}=AB.$$

9

§ 129.

Au moyen des trois équations

$$aa' = \operatorname{tg}\alpha.\operatorname{tg}\alpha' = -\frac{B^2}{A^2},$$

$$A'^2 + B'^2 = A^2 + B^2,$$

$$A'B'\sin(\alpha - \alpha') = AB,$$

on peut obtenir trois des six quantités A', B', α, α', A et B quand on connaît les trois autres.

Nous nous bornerons à énoncer deux exemples des divers problèmes possibles.

1. Connaissant les axes d'une ellipse et l'angle $\alpha - \alpha'$ de deux diamètres conjugués, trouver les diamètres (voir le § 132, 2).

2. Étant donnés deux diamètres conjugués d'une ellipse et l'angle qu'ils forment, déterminer les axes de grandeur et de position.

§ 130.

On appelle *cordes supplémentaires* deux cordes ME, MG (*fig.* 79) tirées d'un point M d'une ellipse aux extrémités d'un diamètre EG.

§ 131. Théorème.

Les tangentes a *,* a' *des angles formés sur le grand axe de l'ellipse par deux cordes supplémentaires sont liées par l'équation*

$$aa' = -\frac{B^2}{A^2}.$$

En représentant par x, y les coordonnées d'une extrémité G du diamètre EG (*fig.* 79), celles de l'autre extrémité E sont $-x$, $-y$. De plus, si on exprime par x', y' les coordonnées du point M, on aura

$$a = \frac{y - y'}{x - x'},$$

$$a' = \frac{-y - y'}{-x - x'} = \frac{y + y'}{x + x'},$$

$$aa' = \frac{y^2 - y'^2}{x^2 - x'^2}.$$

Or les trois points E, M, G étant sur la courbe, on a

$$A^2 y^2 + B^2 x^2 = A^2 B^2$$
$$A^2 y'^2 + B^2 x'^2 = A^2 B^2,$$

et par suite

$$A^2(y^2 - y'^2) + B^2(x^2 - x'^2) = 0 ;$$
$$\frac{y^2 - y'^2}{x^2 - x'^2} = -\frac{B^2}{A^2}.$$

Donc on a

$$aa' = -\frac{B^2}{A^2}.$$

§ 152. Corollaire.

Deux diamètres de l'ellipse parallèles à deux cordes supplémentaires sont conjugués.

Cette propriété fournit les solutions des deux questions suivantes, dont la première a déjà été résolue (§ 125).

1. *Trouver les deux diamètres conjugués égaux d'une ellipse donnée (fig. 80).*

On joint les extrémités du grand axe à une extrémité du petit axe par les cordes CA, CB, et on tire deux diamètres EG, HJ parallèles à ces cordes.

2. *Connaissant le centre, tracer deux diamètres conjugués dont l'angle est donné (fig. 81).*

Sur un diamètre quelconque EG on décrit un arc de cercle EMG, capable de l'angle proposé M. Les diamètres parallèles aux cordes EM, MG résolvent le problème. On reconnaîtra aisément que le quatrième point N (y compris les points E, G) où la circonférence coupe l'ellipse, fournit une seconde solution du problème.

Pour obtenir les axes, on décrira la circonférence sur EG comme diamètre (§ 125 , 4). Au reste, ce problème a déjà été résolu (§ 123).

CHAPITRE IX.

DES DIAMÈTRES DE L'HYPERBOLE.

§ 133.

L'analogie qui existe entre les définitions et entre les équations de l'ellipse et de l'hyperbole, subsiste également entre la plupart de leurs propriétés.

Généralement, pour passer des propriétés de l'ellipse à celles de l'hyperbole, il suffit de changer le signe de B^2. D'ailleurs la marche des démonstrations est identiquement la même.

D'après ces considérations on traitera sans peine les questions suivantes, que nous nous bornerons à énoncer, avec l'indication des paragraphes où les questions analogues de l'ellipse ont été développées. Nous ajouterons seulement quelques observations particulières à l'hyperbole.

1. Les coordonnées des extrémités d'un diamètre de l'hyperbole sont égales et de signes contraires (§ 116).

2. Le centre est le milieu de tous les diamètres de l'hyperbole (§ 117).

3. Les tangentes aux extrémités d'un diamètre de l'hyperbole sont parallèles (ib.)

4. *L'expression d'un demi-diamètre* d *de l'hyperbole en fonction de la tangente* a *de l'angle* α *qu'il forme avec le premier axe est* (§ 118).

$$d = AB . \sqrt{\frac{1+a^2}{B^2-A^2a^2}}.$$

OBSERVATION. Dans l'ellipse les valeurs de d sont réelles quel que soit a; mais dans l'hyperbole le coëfficient a a évidemment un maximum, qui répond à

$$B^2 - A^2 a^2 = o,$$

d'où résulte

$$a = \pm \frac{B}{A},$$
$$d = \infty .$$

Pour des valeurs positives ou négatives de a plus grandes que $\frac{B}{A}$, l'expression $B^2 - A^2 a^2$ est négative et le demi-diamètre d est imaginaire, ce qui prouve que la centrale n'atteint plus la courbe.

La démarcation entre les *diamètres transverses*, qui rencontrent la courbe, et les *diamètres non-transverses*, qui ne l'atteignent pas, est donc fixée par les centrales $y = \frac{B}{A}x$, $y = -\frac{B}{A}x$.

Ces droites sont les *asymptotes* de l'hyperbole (§ 148).

5. Le demi-diamètre d est encore exprimé par (§ 119)

$$d = \frac{AB}{\sqrt{(B^2 \cos^2 \alpha - A^2 \sin^2 \alpha)}}.$$

6. Les médianes de l'hyperbole sont des centrales (§ 121). Leur équation est

$$y = \frac{B^2}{A^2 a}x.$$

7. PROBLÈME. *Une branche d'hyperbole étant donnée, déterminer le centre et les foyers.*

On trouvera facilement le centre et le premier axe 2A de grandeur et de position (§ 123). On déduira ensuite le second axe de l'équation $A^2 y^2 - B^2 x^2 = -A^2 B^2$, en prenant $x^2 = 2A^2$, ce qui fournira $B = y$; etc.

8. On appelle *diamètres conjugués* deux diamètres de l'hyperbole dont les coëfficients sont liés par la relation

$$aa' = \frac{B^2}{A^2}.$$

9. Chacun des deux diamètres conjugués passe par les milieux des cordes parallèles à l'autre (§ 125).

Cette propriété fournit la construction du conjugué HJ d'un diamètre donné EG (*fig.* 82).

10. De deux diamètres conjugués de l'hyperbole, l'un est nécessairement transverse et l'autre ne l'est pas.

En effet, si dans l'équation $aa' = \frac{B^2}{A^2}$, on suppose $a > \frac{B}{A}$, on aura $a' < \frac{B}{A}$.

9.

11. Dans l'hyperbole équilatère les diamètres conjugés satisfont à l'égalité $aa' = 1$, qui montre que les angles formés sur le premier axe sont complémentaires.

12. Les tangentes aux extrémités d'un diamètre sont parallèles au conjugué (§ 126).

Même application que pour l'ellipse (ib.)

13. La différence des carrés de deux diamètres conjugués de l'hyperbole est égale à la différence des carrés des axes (§ 127).

Ce théorème et le suivant supposent une délimitation conventionnelle du diamètre non transverse. Le demi-diamètre transverse A′ est donné par l'équation

$$A'^2 = \frac{A^2 B^2 (1 + a^2)}{B^2 - A^2 a^2}.$$

En remplaçant a par a', cette expression serait négative et la racine imaginaire. Pour avoir une valeur réelle, on est convenu de changer le signe de la formule et on a ainsi pour le demi-diamètre non-transverse B′ l'équation

$$B'^2 = \frac{A^2 B^2 (1 + a'^2)}{A^2 a'^2 - B^2}.$$

Dans l'hyperbole équilatère les diamètres conjugués sont égaux.

14. Le parallélogramme construit sur deux diamètres conjugués de l'hyperbole est équivalent au rectangle des axes (§ 128).

15. On appelle *cordes supplémentaires* deux cordes tirées d'un point de l'hyperbole aux extrémités d'un diamètre.

16. Les coëfficients de deux cordes supplémentaires de l'hyperbole sont liés par la relation $aa' = \dfrac{B^2}{A^2}$ (§ 131).

Il suit de là que deux diamètres parallèles à des cordes supplémentaires sont conjugués.

Cette propriété sert à tracer deux diamètres conjugués donc l'angle est connu (ib.)

CHAPITRE X.

DES DIAMÈTRES OU AXES DE LA PARABOLE.

§ 134.

Privée de centre, la parabole n'a pas de *diamètre* dans l'acception que nous avons donnée à ce mot (§ 113); mais on désigne sous le nom de *diamètre* toute droite BC (*fig.* 83) parallèle à l'axe AF de la parabole.

Les diamètres de la parabole se désignent encore sous le nom d'*axes*. Alors l'axe principal AF, celui qui passe par le foyer, prend le nom de *premier axe*.

§ 135.

Les diamètres de la parabole n'ont qu'un seul point sur la courbe.

En effet l'intersection de la courbe par un diamètre est déterminée par le système d'équation

$$y^2 = 2px,$$
$$y = b,$$

qui ne fournit qu'une seule solution

$$y = b, \quad x = \frac{b^2}{2p}.$$

§ 136.

Les diamètres de la parabole étant illimités dans une direction, la courbe n'a pas de cordes supplémentaires.

Le parallélisme des axes exclut également les diamètres conjugués.

Cependant on donne quelquefois le nom de *diamètres conjugués* ou d'*axes conjugués* à un diamètre BC (*fig.* 83) et à la tangente BD menée par l'extrémité du diamètre.

§ 137.

Équation des médianes de la parabole.

La question se résout aisément par la méthode exposée sur l'ellipse (§ 121).

On prend une corde
$$y=ax+b\;;$$
on en représente les extrémités par (x', y'), (x'', y'') et le milieu par α, β. On a ainsi
$$\alpha=\frac{x'+x''}{2}, \quad \beta=\frac{y'+y''}{2}.$$

On élimine y entre les équations
$$y=ax+b, \quad y^2=2px,$$
ce qui donne
$$a^2x^2+2abx+b^2=2px,$$
$$x^2+\frac{2ab-2p}{a^2}x=-\frac{b^2}{a^2},$$
$$\alpha=\frac{p-ab}{a^2}, \quad a^2\alpha+ab=p.$$

Enfin on élimine b, entre cette dernière équation et
$$\beta=a\beta+b$$
d'où l'on tire
$$a\beta=a^2\alpha+ab=p,$$
$$\beta=\frac{p}{a}.$$

Ce résultat exprimant une parallèle à l'axe des abscisses, on voit que

Les médianes de la parabole sont des diamètres.

§ 138.

Réciproquement, tout diamètre de la parabole est une médiane.

En comparant l'équation des diamètres $y=b$, à celle des médianes $y=\dfrac{p}{a}$, on voit que pour les identifier, il faut prendre $\dfrac{p}{a}=b$; d'où l'on infère
$$a=\frac{p}{b}$$
pour la tangente de l'angle que le système des cordes parallèles doit former avec l'axe.

§ 139.

La tangente à l'extrémité d'un diamètre de la parabole est parallèle aux cordes qu'il divise en deux parties égales.

On vient de voir que le coëfficient des cordes dont le diamètre $y=b$ est la médiane a pour valeur

$$a=\frac{p}{b}.$$

Or le coëfficient a' de la tangente à l'extrémité x', y' de ce diamètre, est (§ 95)

$$a'=\frac{p}{y}=\frac{p}{b}.$$

Donc $a=a'$.

Cette propriété s'applique à la résolution du problème suivant :

Mener une tangente à une parabole qui soit parallèle à une droite donnée AB (§ 84).

On tire deux cordes parallèles à AB, et leur médiane ; l'extrémité de ce diamètre est le point de contact.

§ 140. Problème.

Une parabole étant tracée, trouver l'axe et le foyer.

On tire une médiane, une corde perpendiculaire à cette droite, puis une perpendiculaire au milieu de la corde. Cette dernière ligne est l'axe, etc.

CHAPITRE XI.

FORMULES POUR LA TRANSFORMATION DES COORDONNÉES.

§ 141.

Lorsqu'on a l'équation d'une ligne par rapport à un système d'axes, on peut obtenir l'équation de la ligne par rapport à tout autre système, dont la liaison avec le premier est suffisamment établie. On y parvient en remplaçant dans l'équation primitive les anciennes coordonnées par leurs valeurs en fonctions des nouvelles. Cette opération porte le nom de *transformation des coordonnées*.

La transformation des coordonnées sert ou à simplifier l'équation d'une ligne ou à mieux l'approprier à l'état de la question que l'on traite.

§ 142.

La relation qui existe entre les coordonnées d'un même point dans les deux systèmes dépendant uniquement de la connexion des axes, on peut *exprimer les anciennes coordonnées d'un point en fonctions des nouvelles par des formules générales*, que nous allons démontrer.

Soient AX, AY (*fig.* 85) les premiers axes et A'X', A'Y' les seconds.

On connaît l'angle $A = \theta$ des premiers axes , les coordonnées $AB = a$ et $A'B = b$ de la nouvelle origine A', dans l'ancien système , ainsi que les angles $X'A'Z = \alpha$ et $Y'A'Z = \alpha'$ que les nouveaux axes forment avec la droite A'Z parallèle à l'axe AX et par conséquent avec AX lui-même. Les quantités a , b , α et α' suffisent évidemment pour rattacher les seconds axes aux premiers.

Cela posé, rapportons un point quelconque M aux deux systèmes, et représentons en les coordonnées primitives AN, MN par x, y et les nouvelles coordonnées A'O , MO par x', y'.

En menant par le point O les droites OD et OJ parallèles à AY et à AX , on a

$$x = AN = AB + BD + DN = a + AF + OE,$$
$$y = NM = NG + GE + EM = b + FO + EM.$$

Or on connaît dans le triangle A'OF le côté $A'O = x'$, l'angle $FA'O = \alpha$ et l'angle $A'OF = OFG - \alpha = \theta - \alpha$. De là résulte

$$\frac{A'F}{\sin(\theta - \alpha)} = \frac{FO}{\sin\alpha} = \frac{x'}{\sin\theta},$$

et

$$A'F = \frac{x'\sin(\theta - \alpha)}{\sin\theta}, \quad FO = \frac{x'\sin\alpha}{\sin\theta}.$$

De même le triangle MOE, dans lequel on a $MO = y'$, l'angle $MOE = \alpha'$ et l'angle $M = MEJ - \alpha' = \theta - \alpha'$, fournit

$$\frac{OE}{\sin(\theta - \alpha')} = \frac{ME}{\sin\alpha'} = \frac{y'}{\sin\theta},$$

$$OE = \frac{y'\sin(\theta - \alpha')}{\sin\theta}, \quad ME = \frac{y'\sin\alpha'}{\sin\theta}.$$

En introduisant ces valeurs dans celles de x et de y, on obtient les formules

$$[1] \quad \begin{cases} x = a + \dfrac{x'\sin(\theta - \alpha) + y'\sin(\theta - \alpha')}{\sin\theta}, \\[2ex] y = b + \dfrac{x'\sin\alpha + y'\sin\alpha'}{\sin\theta}. \end{cases}$$

§ 143. Cas particuliers.

Les formules [1] sont rarement usitées dans toute leur généralité, et on attribue le plus souvent aux données a, b, θ, α et α' des valeurs particulières, qui réduisent plus ou moins les expressions des inconnues x, y.

Nous allons déduire des équations [1] les formules particulières les plus employées.

1° En faisant $\theta = 90°$, on trouve les équations

$$[2] \quad \begin{cases} x = a + x'\cos\alpha + y'\cos\alpha', \\ y = b + x'\sin\alpha + y'\sin\alpha', \end{cases}$$

pour passer d'un système d'axes rectangulaires à un système d'axes obliques.

2° Si on fait en outre $\alpha' - \alpha = 90°$, ou $\alpha' = 90° + \alpha$, on a

$$\cos\alpha' = -\cos(90° - \alpha) = -\sin\alpha,$$
$$\sin\alpha' = \sin(90° - \alpha) = \cos\alpha$$

et par suite les équations [2] se réduisent à

$$[3] \quad \begin{cases} x = a + x'\cos\alpha - y'\sin\alpha, \\ y = b + x'\sin\alpha + y'\cos\alpha. \end{cases}$$

Telles sont les formules *pour passer d'un système rectangulaire à un autre système également rectangulaire.*

3° Si on veut *transformer des coordonnées obliques en d'autres rectangulaires,* on pose, dans [1], $\alpha' = 90° + \alpha$, ce qui donne

$$\sin(\theta - \alpha') = \sin(\theta - 90° - \alpha) = -\sin(90° + \alpha - \theta) = -\sin[90° - (\theta - \alpha)]$$
$$= -\cos(\theta - \alpha),$$
$$\sin\alpha' = \sin(90° - \alpha) = \cos\alpha.$$

Par la substitution de ces valeurs, il vient

$$[4] \quad \begin{cases} x = a + \dfrac{x'\sin(\theta-\alpha) - y'\cos(\theta-\alpha)}{\sin\theta}, \\[2ex] y = b + \dfrac{x'\sin\alpha + y'\cos\alpha}{\sin\theta}. \end{cases}$$

4° *Si les axes des abscisses sont parallèles*, $\alpha = o$ et les équations [1] deviennent

$$x = a + x' + \frac{y'\sin(\theta-\alpha')}{\sin\theta},$$

$$y = b + \frac{y'\sin\alpha'}{\sin\theta}.$$

Si on suppose en outre $\alpha' = \theta$, *les axes des deux systèmes sont parallèles*; et on a simplement

$$[5] \quad \begin{cases} x = a + x', \\ y = b + y'. \end{cases}$$

Ces formules, bien visibles d'ailleurs (*fig.* 86) servent à *transporter l'origine sans changer la direction des axes.*

§ 144.

La position relative des deux systèmes d'axes peut être différente de celle que nous avons choisie pour établir les formules [4]; mais la convention des signes des lignes trigonométriques (*Trig.* note) rend ces formules applicables à tous les cas possibles.

Supposons, par exemple, (*fig.* 87) que l'angle θ étant droit, l'axe A'X' tombe *au-dessous* de la parallèle A'Z à AX. Dans cette situation l'angle α est devenu négatif et il faut remplacer α par $-\alpha$ dans les équations [2]. Cette substitution n'apporte aucune modification dans la valeur de x, puisque $\cos(-\alpha) = \cos\alpha$; mais elle change le signe du second terme de la valeur de y, puisque $\sin(-\alpha) = -\sin\alpha$.

CHAPITRE XII.

LES CONIQUES RAPPORTÉES A LEURS DIAMÈTRES CONJUGUÉS.

§ 145.

Équation de l'ellipse par rapport à un système de diamètres conjugués.

Connaissant l'équation de l'ellipse relativement à ses axes

$$A^2 y^2 + B^2 x^2 = A^2 B^2,$$

si on veut obtenir celle de la courbe par rapport à deux diamètres quelconques, comme le premier système est rectangulaire et que l'origine est maintenue, on fera usage des formules [2] (§ 143), en supprimant les coordonnées a et b, égales à o, de la nouvelle origine. On a ainsi

$$x = x'\cos\alpha + y'\cos\alpha',$$
$$y = x'\sin\alpha + y'\sin\alpha'.$$

En introduisant ces valeurs dans la première équation et en effaçant les accents superflus des nouvelles coordonnées, il vient

$$A^2(x\sin\alpha + y\sin\alpha')^2 + B^2(x\cos\alpha + y\cos\alpha')^2 = A^2 B^2.$$

En exécutant les opérations indiquées et en réduisant, on parvient à

$$(A^2\sin^2\alpha' + B^2\cos^2\alpha')y^2 + (A^2\sin^2\alpha + B^2\cos^2\alpha)x^2$$
$$+ 2(A^2\sin\alpha\sin\alpha' + B^2\cos\alpha\cos\alpha')xy = A^2 B^2.$$

Telle est l'équation de l'ellipse par rapport à deux diamètres quelconques. Mais, comme on dispose des angles α, α', on peut choisir les diamètres de manière que le produit xy des variables disparaisse de l'équation. A cet effet, il faut poser

$$A^2\sin\alpha\sin\alpha' + B^2\cos\alpha\cos\alpha' = o$$

ce qui conduit à

$$\operatorname{tg}\alpha . \operatorname{tg}\alpha' = -\frac{B^2}{A^2}.$$

Cette relation montre que *les diamètres doivent être conjugués* (§ 125).

L'équation de l'ellipse par rapport à deux diamètres conjugués est donc

[1] $(A^2\sin^2\alpha'+B^2\cos^2\alpha')y^2+(A^2\sin^2\alpha+B^2\cos^2\alpha)x^2=A^2B^2$;

mais on peut lui donner une forme beaucoup plus simple.

En désignant par A' le demi-diamètre répondant à l'angle α, on a (§ 119)

$$A'^2=\frac{A^2B^2}{A^2\sin^2\alpha+B^2\cos^2\alpha}$$

et par conséquent

$$A^2\sin^2\alpha+B^2\cos^2\alpha=\frac{A^2B^2}{A'^2}.$$

En représentant l'autre demi-diamètre par B', on trouvera de même

$$A^2\sin^2\alpha'+B^2\cos^2\alpha'=\frac{A^2B^2}{B'^2}.$$

En introduisant ces valeurs dans [1] et en réduisant, on obtient

[2] $\qquad A'^2y^2+B'^2x^2=A'^2B'^2$,

équation de forme identique avec la première

$$A^2y^2+B^2x^2=A^2B^2.$$

Si on prend pour axes les diamètres conjugués égaux (§ 125, 5), l'équation [2] se réduit à

$$y^2+x^2=A'^2,$$

et elle ne diffère de celle du cercle $y^2+x^2=r^2$ que par l'obliquité des axes.

§ 146.

Équation de l'hyperbole par rapport à un système de diamètres conjugués.

La question se traite absolument de la même manière que la précédente.

L'équation cherchée est

$$A'^2y^2-B'^2x^2=-A'^2B'^2.$$

§ 147.

Équation de la parabole par rapport à deux diamètres conjugués.

L'équation rectangulaire de la parabole relativement à son axe AX (*fig.* 88) et au sommet A est

$$y^2 = 2px,$$

et il s'agit de trouver l'équation de la courbe par rapport à un diamètre A'X' pris pour axe des x et à la tangente A'Y' prise pour axe des y.

A cet effet, il faut se servir des équations [2] (§ 143) en y faisant $\alpha = o$, ce qui donne

$$x = a + x' + y'\cos\alpha'$$
$$y = b + y'\sin\alpha'.$$

En introduisant ces valeurs dans la première équation et en supprimant les accents des variables, on obtient

$$b^2 + 2by\sin\alpha' + y^2\sin^2\alpha' = 2ap + 2px' + 2py\cos\alpha'.$$

Or la nouvelle origine A' étant sur la courbe, on a

$$b^2 = 2ap ;$$

et puisque l'axe A'y' est tangente, on a (§ 95)

$$\mathrm{tg}\,\alpha' = \frac{p}{b} = \frac{\sin\alpha'}{\cos\alpha'}, \quad p\cos\alpha' = b\sin\alpha'.$$

Par suite de ces égalités l'équation précédente se réduit à

$$y^2\sin^2\alpha' = 2px.$$

Ensuite on a

$$\sin^2\alpha' = \frac{\mathrm{tg}^2\alpha'}{1 + \mathrm{tg}^2\alpha'} = \frac{p^2}{b^2 + p^2} = \frac{p^2}{2ap + p^2} = \frac{p}{2a + p}.$$

En introduisant cette valeur, on parvient à

$$y^2 = 2(2a + p)x.$$

Or si on mène le rayon vecteur FA' et que l'on prolonge la tangente jusqu'à l'axe en T, on a (§§ 97 et 108).

$$2a + p = 2(a + \tfrac{1}{2}p) = 2(\mathrm{AT} + \mathrm{AF}) = 2\mathrm{FT} = 2\mathrm{FA'}.$$

Donc

$$y^2 = 4\mathrm{FA'}x.$$

En posant $\mathrm{FA'} = \tfrac{1}{2}p'$, cette équation prend la forme de l'équation primitive et devient

$$y^2 = 2p'x.$$

CHAPITRE XIII.

DES ASYMPTOTES DE L'HYPERBOLE.

§ 148.

Nous avons déjà dit que l'on appelle *asymptote* une droite qui approche continuellement d'une courbe sans pouvoir l'atteindre (§ 12).

L'hyperbole a deux asymptotes ; ce sont les diamètres

$$y = \frac{B}{A}x, \quad y = -\frac{B}{A}x,$$

également inclinés sur les deux moitiés du premier axe et formant avec la partie droite de cet axe des angles ayant pour tangentes $\frac{B}{A}$, $-\frac{B}{A}$.

Pour construire ces droites, on mène une perpendiculaire CD (*fig.* 89) à une extrémité B du premier axe, et on coupe cette perpendiculaire par un arc de cercle CD du même centre O que l'hyperbole et du rayon OC=C. Les droites OCS et TOD sont les asymptotes.

La raison de cette construction est bien apparente. Dans le triangle rectangle OCB, où le côté OB=A et l'hypoténuse OC=C, on a le côté CB=B. Donc le coëfficient de la droite OS est tgCOB=$\frac{B}{A}$. Le triangle OBD, égal OBC, fournit de même pour le coëfficient de la droite OT

$$\mathrm{tgTOB} = -\mathrm{tgTOA} = -\mathrm{tgBOD} = -\frac{B}{A}.$$

Il est visible que *dans l'hyperbole équilatère les asymptotes sont rectangulaires et inclinées de 45° sur l'axe transverse.*

§ 149.

Si on cherche les intersections de l'hyperbole
$$A^2 y^2 - B^2 x^2 = -A^2 B^2$$

par les droites

$$y = \pm \frac{B}{A} x,$$

on trouve, en éliminant y,

$$B^2 x^2 - B^2 x^2 = -A^2 B^2,$$

$$x^2 = \frac{A^2}{0} = \infty.$$

$$x = \pm \infty.$$

Ces valeurs infinies prouvent que les deux droites ne sauraient rencontrer la courbe.

Nous allons démontrer en outre que les branches de la courbe se rapprochent indéfiniment des parties voisines des deux droites.

Pour obtenir la distance $MN = d$ (*fig.* 89) d'un point M ou (x', y') de la courbe à la droite OS ou

$$y = \frac{B}{A} x,$$

il faut faire dans la formule (§ 43)

$$d = \pm \frac{y' - ax' - b}{\sqrt{(1 + a^2)}}$$

$b = o$ et $a = \frac{B}{A}$; il vient ainsi, après réduction,

$$d = \pm \frac{Ay' - Bx'}{\sqrt{(A^2 + B^2)}} = \pm \frac{Ay' - Bx'}{C}.$$

D'ailleurs l'équation de la courbe fournit

$$y' = \frac{B}{A} \sqrt{(x'^2 - A^2)}.$$

En introduisant cette valeur, on trouve

$$d = \pm \frac{B[\sqrt{(x'^2 - A^2)} - x']}{C}.$$

En multipliant les deux termes du second membre par $\sqrt{(x'^2 - A^2)} + x'$, on obtient (§ 43)

$$d = \frac{A^2 B}{C[\sqrt{(x'^2 - A^2)} + x']}.$$

Sous cette forme il est évident que la distance d diminue à mesure que l'abscisse x' augmente ou que le point M s'éloigne du sommet B. Pour avoir $d = o$, il faut prendre $x' = \infty$.

10.

Nous avons choisi le point M dans l'angle des coordonnées positives, pour éviter l'embarras des signes ; mais la démonstration s'applique aux points situés dans les trois autres angles. D'ailleurs l'extension de la propriété est une conséquence de la symétrie (§53) des quatre branches de la courbe et des quatre parties des deux droites par rapport aux axes ; en pliant successivement le plan suivant les deux axes, les portions des lignes situées dans les quatre angles des axes se superposeront.

Il est donc démontré que les diamètres $y=\dfrac{B}{A}x$ et $y=-\dfrac{B}{A}x$ sont des asymptotes.

§ 150.

Équation de l'hyperbole par rapport à ses asymptotes.

L'asymptote OX (*fig.* 90) sera l'axe des abscisses et l'asymptote OY celui des ordonnées.

Les axes de l'équation primitive
$$A^2y^2-B^2x^2=-A^2B^2$$
étant rectangulaires, et l'origine étant restée la même, on a les formules
$$x=x'\cos\alpha+y'\cos\alpha',$$
$$y=x'\sin\alpha+y'\sin\alpha'.$$

D'ailleurs, comme l'axe OX tombe au-dessous de OZ, il faut prendre l'angle $\alpha=-\text{ZOX}=-\text{ZOY}=-\alpha'$ (§ 144). On a ainsi
$$x=x'\cos\alpha'+y'\cos\alpha'=(x'+y')\cos\alpha',$$
$$y=-x'\sin\alpha'+y'\sin\alpha'=(y'-x')\sin\alpha'.$$

En introduisant ces valeurs dans la première équation, en abandonnant les accents devenus inutiles, il vient
$$A^2\sin^2\alpha(y-x)^2-B^2\cos^2\alpha(x+y)^2=A^2B^2.$$

Or $\text{tg}\alpha=\text{tgYOZ}=\dfrac{B}{A}=\dfrac{\sin\alpha}{\cos\alpha}$ et partant
$$B\cos\alpha=A\sin\alpha.$$

Cette égalité réduit l'équation précédente à
$$A^2\sin^2\alpha[(x+y)^2-(x-y)^2]=A^2B^2,$$
$$4\sin^2\alpha\,xy=B^2.$$

En substituant encore la valeur de

$$\sin^2\alpha = \frac{\mathrm{tg}^2\alpha}{1+\mathrm{tg}^2\alpha} = \frac{B^2}{A^2+B^2} = \frac{B^2}{C^2},$$

on parvient définitivement à

$$xy = \frac{C^2}{4}.$$

§ 151. Théorème.

Les parties LM, NP *(fig. 90) d'une droite quelconque* LP *comprises entre une hyperbole et ses asymptotes sont égales entre elles.*

Je prends pour axes les asymptotes et je représente par x, y les coordonnées OA, MA du point M et par x', y' les coordonnées OC, NC du point N. Les points M et N étant les intersections de la droite et de la courbe, leurs coordonnées satisfont au système d'équations

$$y = ax + b,$$
$$xy = \frac{C^2}{4}.$$

En menant encore MB parallèle à l'axe OX, les triangles LBM, NCP sont semblables et on a la proportion

$$LM : NP = LB : NC. = (LO - y) : y'.$$

Or LO $= b$, l'ordonnée à l'origine de la droite $y = ax + b$. D'ailleurs en éliminant x entre les deux équations, il vient

$$y^2 - by = \frac{C^2 a}{4}.$$

Les ordonnées y et y' étant les racines de cette équation, on a

$$y + y' = b = LO$$

et partant

$$y' = LO - y.$$

En rapprochant cette égalité de la proportion, on obtient

$$LM = NP.$$

§ 152. Corollaire et applications.

1. *Les parties* TE, TG *(fig. 90) d'une tangente* EG *à l'hyper-*

*bole comprises entre le point de contact et les asymptotes sont éga-
les entre elles.*

Car la tangente n'est autre chose qu'une sécante dont les
deux points d'intersection se confondent.

Le lecteur apercevra sans peine l'usage de cette propriété
pour *mener une tangente à un point d'une hyperbole dont les
asymptotes sont connues.*

2. Le théorème fournit un moyen aussi simple qu'expéditif
pour

*Construire une hyperbole connaissant les asymptotes et un
point de la courbe.*

On mène par le point A (*fig.* 94) des droites entre les asymptotes OS , OT et l'on prend sur chaque droite BC , à partir de
l'asymptote la plus éloignée OT , une longueur CM égale à la
partie BA de la droite comprise entre l'autre asymptote et le
point A. Tous les points M ainsi déterminés appartiennent à la
courbe.

Pour éviter la confusion des lignes auxiliaires , on peut
remplacer le point donné par un ou par plusieurs points
trouvés.

Si le point donné est sur la bissectrice de l'angle O des
asymptotes , il est le sommet de la branche de courbe.

Si l'angle O est droit , l'hyperbole est équilatère.

§ 153.

*Équation de la tangente à l'hyperbole en fonction des coor-
données asymptotiques* x′, y′ *du point du contact.*

Nous avons déjà déterminé le coëfficient de la tangente
(§ 61) et nous avons obtenu

$$a = -\frac{y'}{x'}.$$

En introduisant cette valeur dans l'équation
$$y - y' = a(x - x'),$$
on trouve successivement
$$y - y' = \frac{y'}{x'}(x' - x),$$
$$yx' + xy' = x'y' + x'y' = \frac{C^2}{2}.$$

§ 154. Théorème.

Le parallèlogramme OBMA (*fig.* 90) *compris entre les asymptotes et les coordonnées, par rapport à ces lignes, d'un point quelconque* M *de l'hyperbole est équivalent à la huitième partie du rectangle des axes.*

Soient P le parallèlogramme x, y les coordonnées du point M et 2α l'angle des asymptotes.

On a successivement

$$P = xy\sin 2\alpha = \tfrac{1}{2}C^2\sin\alpha\cos\alpha = \tfrac{1}{2}C^2 \mathrm{tg}\alpha.\cos^2\alpha.$$

Or $\mathrm{tg}\alpha = \dfrac{B}{A}$ et

$$\cos^2\alpha = \frac{1}{1 + \mathrm{tg}^2\alpha} = \frac{A^2}{A^2 + B^2} = \frac{A^2}{C^2}.$$

En introduisant ces valeurs, il vient, après réduction,

$$P = \tfrac{1}{2}AB.$$

Le produit $\tfrac{1}{2}AB$ est la huitième partie du rectangle 2A. 2B des axes ; c'est aussi l'aire du triangle rectangle OBC (*fig.* 89) dont les côtés de l'angle droit sont A et B. Ainsi le parallèlogramme est équivalent à ce triangle.

CHAPITRE XIV.

QUADRATURES DES SECTIONS CONIQUES.

§ 155. Lemme.

Si on décrit une circonférence ALBA (*fig.* 92) *sur le grand axe d'une ellipse comme diamètre, les ordonnées* MN, LN *de l'ellipse et du cercle répondant à une même abscisse* ON *sont entre elles comme le petit axe est au grand.*

En désignant par x l'abscisse commune, par y l'ordonnée de l'ellipse et par y' l'ordonnée du cercle, on a les équations

$$A^2y^2 + B^2x^2 = A^2B^2,$$
$$y'^2 + x^2 = A^2.$$

En multipliant la seconde équation par B^2 et en retranchant le produit de la première, on trouve

$$A^2 y^2 - B^2 y'^2 = o, \quad Ay = By',$$
$$y : y' = B : A.$$

§ 156. Remarques.

1. Cette proposition peut être utilisée pour la construction de l'ellipse par points. On trace deux circonférences concentriques avec les rayons $OA = A$ et $OC = B$; on tire un diamètre AB dans la première circonférence; on y abaisse une ordonnée LN; on tire le rayon OL, et par le point E où ce rayon perce la petite circonférence, on mène EM parallèle à AB. Le point M où cette droite coupe l'ordonnée LN, appartient à l'ellipse. En effet, si on pose $ON = x$, $MN = y$ et $LN = y'$, on a les équations

$$y : y' = B : A,$$
$$y'^2 + x^2 = A^2,$$

d'où l'on infère

$$A^2 y^2 + B^2 x^2 = A^2 B^2.$$

2. *Si on décrit une circonférence sur le petit axe d'une ellipse comme diamètre, les abscisses de l'ellipse et de la circonférence correspondant à une même ordonnée sont entre elles comme le grand axe est au petit.*

Cette proposition se démontre comme la précédente.

§ 157. Aire de l'ellipse.

Désignons par E le plan limité par l'ellipse et par C le cercle décrit sur le grand axe comme diamètre.

La valeur de E se déduit de celle de C, qui fait πA^2 (*Géom.* § 227).

Le grand axe AB (*fig.* 93) divisant le cercle ainsi que l'ellipse en deux parties superposables (§ 53), la question se réduit à comparer la demi-ellipse AMB au demi-cercle ALB.

Tirons deux ordonnées infiniment proches LMN, RST. Les arcs MS et LR des deux courbes, compris entre ces lignes, peuvent être considérés comme des droites et partant les demi-segments elliptique NMST ou NS et circulaire NLRT ou NR peuvent être regardés comme des trapèzes, ayant pour hauteur commune NT. Ces trapèzes sont entre eux comme les sommes des bases ; donc

$$\frac{NS}{NR} = \frac{MN+ST}{LN+RT}.$$

Or on a (§ 155)

$$\frac{MN}{LN} = \frac{ST}{RS} = \frac{B}{A},$$

et par conséquent

$$\frac{MN+ST}{LN+RT} = \frac{B}{A}.$$

En substituant cette valeur dans la première proportion, il vient

$$\frac{NS}{NR} = \frac{B}{A}.$$

Si on imagine une infinité d'ordonnées, elles partageront la demi-ellipse et le demi-cercle en trapèzes formant une suite de rapports égaux à $\frac{B}{A}$. Donc la somme des antécédents $= \frac{1}{2}E$ divisés par la somme des conséquents $= \frac{1}{2}C$ est aussi égale à $\frac{B}{A}$, ou

$$\tfrac{1}{2}E : \tfrac{1}{2}C = B : A.$$

De là résulte

$$E = C \times \frac{B}{A} = \pi A^2 . \frac{B}{A} = \pi AB.$$

Ainsi *l'aire de l'ellipse est égale au rectangle des demi-axes multiplié par la quantité π.*

§ 158.

Le raisonnement que l'on vient de faire prouve que tout demi-segment elliptique NMST ayant pour bases deux ordonnées perpendiculaires au grand axe, est au demi-segment circulaire correspondant NLRT comme B est à A. Cette relation rattache l'évalution du premier segment à celle du second, qui est fournie par la Géométrie élémentaire.

§ 159.

La méthode du § 157 s'applique également à la recherche des solidités des deux corps ronds connus sous le nom d'*ellipsoïdes*.

L'*ellipsoïde allongé* est le volume engendré par la révolution d'une demi-ellipse autour du grand axe. Il a pour expression $\frac{4}{3}\pi AB^2$.

L'*ellipsoïde aplati* est le solide décrit par la rotation d'une demi-ellipse autour du petit axe. Sa valeur est $\frac{4}{3}\pi A^2 B$.

Ces expressions ont été trouvées par Archimède. On y parvient en comparant les ellipsoïdes aux sphères ayant leurs axes pour diamètres.

§ 160. QUADRATURE DE LA PARABOLE.

Je vais démontrer que

Tout segment parabolique ABC (*fig.* 94) *vaut les deux tiers du parallélogramme circonscrit* DEBC.

Le segment est l'espace compris entre un arc quelconque de la courbe et sa corde. La corde BC et la tangente parallèle DE sont deux côtés du parallélogramme ; les deux autres sont parallèles au diamètre AJG, qui joint le point de contact au milieu de la corde.

Je prends pour axes les deux diamètres conjugués AG, DE, et je mène les coordonnées de deux points M, N, infiniment proches, de l'arc AB, savoir $MR = x$, $MP = y$, $NS = x'$, $NO = y'$. En désignant l'angle EAG des axes par α, le trapèze PMNO ou PN a pour valeur

$$\tfrac{1}{2}(y + y')\text{PO}\sin\alpha = \tfrac{1}{2}(y + y')(x' - x)\sin\alpha \ (1).$$

De même le trapèze RSNM ou RN vaut

$$\tfrac{1}{2}(x + x').\text{RS}.\sin\alpha = \tfrac{1}{2}(x + x')(y' - y)\sin\alpha.$$

---

(1) *L'aire d'un trapèze est égale au produit de la demi-somme des bases et d'un côté multiplié par le sinus de l'angle que le côté forme avec les bases.* Cette valeur s'obtient en exprimant la hauteur en fonction du côté et de l'angle.

Donc en divisant, il vient

$$[1] \qquad \frac{PN}{RN} = \frac{(y+y')(x'-x)}{(y'-y)(x+x')}.$$

Or on a les équations (§ 147)

$$y^2 = 2p'x,$$
$$y'^2 = 2p'x',$$

d'où l'on tire successivement

$$\frac{x}{x'} = \frac{y^2}{y'^2},$$

$$\frac{x'-x}{x'+x} = \frac{y'^2 - y^2}{y'^2 + y^2},$$

En portant cette valeur dans l'équation [1], on trouve

$$\frac{PN}{RN} = \frac{(y'+y)(y'^2 - y^2)}{(y'-y)(y'^2+y^2)} = \frac{(y'+y)^2}{y'^2+y^2}.$$

Mais la distance des points M , N étant infiniment petite, $y' = y$ et par suite la proportion précédente se réduit à

$$\frac{PN}{RN} = \frac{4y^2}{2y^2} = 2.$$

Ainsi chaque trapèze *intérieur* PN est double du trapèze *extérieur* correspondant RN, et il s'ensuit que tout l'espace intérieur ABJ est double de l'espace extérieur ABE. Or ces deux espaces font ensemble le parallélogramme AEBJ ; donc ABJ vaut les deux tiers de ce parallélogramme.

L'autre portion ACJ du segment vaut semblablement les deux tiers du parallélogramme DJ.

Donc, en ajoutant, on a, conformément à l'énoncé,

$$ABC = \tfrac{2}{3} DEBC.$$

C'est encore à Archimède que l'on doit la quadrature de la parabole.

§ 161.

Aire de l'espace asymptotique de l'hyperbole.

Il s'agit d'exprimer l'aire de l'espace CBDE (*fig.* 95) compris entre un arc d'hyperbole BD , l'asymptote voisine AX et les parallèles BC , DE à l'autre asymptote AY.

Nous prendrons les asymptotes pour axes, et nous désignerons leur angle par θ, les coordonnées AC, BC du point B par x, y, la surface cherchée CBDE par S et sa *base* CE par z.

Imaginons-nous la surface S divisée en un nombre infini n de parties équivalentes par les ordonnées y', y'' etc.; ces lignes diviseront la base z en parties inégales α, α', α'', etc. Les portions de S peuvent être envisagées comme des parallélogrammes ayant respectivement pour bases α, α', α'', etc. et pour côtés y, y', y'', etc. Le premier de ces parallélogrammes valant $\alpha y \sin\theta$, on a

[1] $$S = n\alpha y \sin\theta.$$

Pour obtenir la valeur de α, on compare les deux suites de produits égaux

$$\alpha y = \alpha'y' = \alpha''y'' = \ldots,$$
$$xy = (x+\alpha)y' = (x+\alpha+\alpha')y'' = \ldots,$$

dont la première est fondée sur l'équivalence des parallélogrammes et l'autre sur l'équation de la courbe $xy = \frac{1}{4}C^2$. En divisant les premiers produits par les seconds, on trouve

$$\frac{\alpha}{x} = \frac{\alpha'}{x+\alpha} = \frac{\alpha''}{x+\alpha'+\alpha'} = \frac{\alpha'''}{x+\alpha+\alpha'+\alpha''} = \ldots$$

De là résulte

$$\alpha' = \alpha.\frac{x+\alpha}{x} = \alpha\left(1+\frac{\alpha}{x}\right),$$
$$\alpha'' = \alpha\frac{x+\alpha+\alpha'}{x} = \alpha'+\frac{\alpha\alpha'}{x} = \alpha'\left(1+\frac{\alpha}{x}\right) = \alpha\left(1+\frac{\alpha}{x}\right)^2$$
$$\alpha''' = \alpha\frac{x+\alpha+\alpha'+\alpha''}{x} = \alpha''+\frac{\alpha\alpha''}{x} = \alpha''\left(1+\frac{x}{\alpha}\right) = \alpha\left(1+\frac{\alpha}{x}\right)^3.$$

$$\cdots\cdots\cdots\cdots\cdots\cdots$$

Donc α, α', $\alpha''\ldots$ constituent une progression géométrique dont le premier terme est α et la raison $1+\frac{\alpha}{x}$. Or à la somme des termes de cette progression est z et le nombre des termes n; donc on a (*Alg.* § 130)

$$z = \alpha.\frac{(1+\frac{\alpha}{x})^n-1}{\frac{\alpha}{x}} = x[(1+\frac{\alpha}{x})^n-1],$$

d'où l'on tire

$$\left(1+\frac{\alpha}{x}\right)^n = 1+\frac{z}{x}.$$

En prenant la racine n^e des deux membres de cette équation et en posant pour abréger $\frac{1}{n}=m$, on obtient

$$1+\frac{\alpha}{x} = \left(1+\frac{z}{x}\right)^m = 1+\frac{m}{1}\cdot\frac{z}{x}+\frac{m(m-1)z^2}{1.\quad 2\quad x^2}+\frac{m(m-1)(m-2)z^3}{1.\quad 2\quad.\quad 5\quad \alpha^3}$$
$$+\dots$$

En réduisant et en divisant par m, on a

$$[2]\qquad \frac{\alpha}{mx} = \frac{z}{x}-\frac{m-1}{2}\cdot\frac{z^2}{x^2}+\frac{(m-1)(m-2)}{2\quad.\quad 3}\cdot\frac{z^3}{x^3}-\dots$$

Le premier membre de cette équation revient à

$$\frac{\alpha}{mx} = \frac{n\alpha}{x} = \frac{n\alpha y}{xy} = \frac{4n\alpha y}{C^2}.$$

Or l'équation [1] fournit

$$n\alpha y = \frac{S}{\sin\theta}.$$

En substituant cette valeur, il vient

$$\frac{\alpha}{mx} = \frac{4S}{C^2\sin\theta}.$$

Nous avons supposé $n=\infty$; donc $m=\frac{1}{n}=o$ et en introduisant cette valeur dans le second membre de l'équation [2], on parvient à

$$\frac{z}{x}-\frac{1}{2}\frac{z^2}{x^2}+\frac{1}{3}\frac{z^3}{x^3}-\frac{1}{4}\frac{z^4}{x^4}+\dots$$

On sait (*Alg.* § 200) que cette série est le logarithme népérien de $1+\frac{z}{x}$ ou $L\left(1+\frac{z}{x}\right)$. En rapprochant les deux résultats on a donc

$$\frac{4S}{C^2\sin\theta} = L\left(1+\frac{z}{x}\right),$$

$$S = \frac{1}{4}C^2\sin\theta.L\left(1+\frac{z}{x}\right).$$

CHAPITRE XV.

DÉFINITION ET ÉQUATION COMMUNES AUX TROIS CONIQUES.— DIRECTRICES.

§ 162. Problème.

Trouver l'équation d'une ligne telle que le rapport des distances MF *et* MH *(fig.* 96) *de chacun de ses points* M *à un point fixe ou foyer* F *et à une droite fixe ou directrice* DE *soit constamment égal à un nombre donné* n.

Il est superflu de dire que le tout est situé dans un plan.

Le lieu géométrique cherché dépend du rapport n et de la distance du foyer à la directrice ou de la perpendiculaire FG sur DE. Cette perpendiculaire sera représentée par p.

Partageons FG en A de manière que $AF = n.AG$; le point A est sur la courbe.

Nous emploierons des coordonnées rectangulaires ; le point A sera l'origine et AFX l'axe des abscisses.

En menant l'ordonnée MN du point M, on a dans le triangle rectangle FMN

$$\overline{FM}^2 = y^2 + \overline{FN}^2.$$

Or

$$FM = n.MH = n.GN = n(GA + x) = AF + nx,$$
$$FN = x - AF.$$

En introduisant ces valeurs, en développant et en réduisant, on parvient à

$$y^2 = 2(n+1)AF.x + (n^2 - 1)x^2.$$

Reste à exprimer AF en fonction de p et de n. A cet effet on a les équations

$$AF = n.AG,$$
$$AF + AG = p,$$

d'où l'on infère

$$AF = \frac{np}{n+1}.$$

Par suite de cette valeur l'équation cherchée est

$$[1] \qquad y^2 = 2npx + (n^2 - 1)x^2.$$

§ 163.

En comparant l'équation [1] à celles des coniques rapportées à leurs sommets, on reconnaît de suite qu'elle représente chacune des trois courbes suivant que le rapport n est égal à 1 ou $>$ ou $<$.

D'abord, si $n = 1$, on retrouve l'équation de la parabole $y^2 = 2px$.

Supposons en second lieu $n < 1$. Alors $n^2 - 1$ est négatif et on mettra l'équation sous la forme

$$y^2 = 2npx - (1 - n^2)x^2.$$

L'équation de l'ellipse par rapport au grand axe et au sommet gauche est (§ 82)

$$y^2 = \frac{B^2}{A} 2(2Ax - x^2) = \frac{2B^2}{A}\, x - \frac{B^2}{A^2}x^2.$$

Cette équation s'identifie avec la première lorsque l'on pose

$$\frac{B^2}{A} = np\,, \qquad \frac{B^2}{A^2} = 1 - n^2,$$

d'où l'on déduit

$$[2] \qquad A = \frac{np}{1 - n^2},$$

$$[3] \qquad B = \frac{np}{\sqrt{(1 - n^2)}}.$$

Ainsi lorsque n est < 1, l'équation [1] représente une ellipse dont les demi-axes sont donnés par les formules [2] et [3].

Pour obtenir l'excentricité, on introduit les valeurs de A et de B dans l'équation $C = \sqrt{(A^2 - B^2)}$. On parvient ainsi à

$$[4] \qquad C = \frac{n^2 p}{1 - n^2} = nA.$$

Le point A (*fig.* 96) est évidemment le sommet gauche de l'ellipse. Le point F en est aussi le foyer voisin. En effet,

$$A - C = A(1 - n) = \frac{np}{n + 1} = AF.$$

11.

§ 164.

Les formules qui précèdent servent également à évaluer les quantités n et p qui répondent à une ellipse donnée. On a d'abord par l'équation [4]

$$[5] \qquad n = \frac{C}{A},$$

puis on tire de [2]

$$[6] \qquad p = \frac{A'-C'}{C} = \frac{B'}{C}.$$

La longueur $p = FG$ (*fig.* 96) détermine la position de la directrice DE et le nombre n exprime le rapport des rayons vecteurs aux distances à la directrice.

Il est clair qu'il existe une seconde directrice, à la même distance p de l'autre foyer de l'ellipse.

Dans le cas particulier du cercle, les directrices n'existent pas. En effet, on a alors $C = o$, $n = o$ et $p = \infty$.

§ 165.

Lorsque n est > 1, l'équation [1] représente une hyperbole.
La discussion de ce troisième cas est absolument la même que celle du second.

CHAPITRE XVI.

ÉQUATION DES SECTIONS DU CÔNE. — GÉNÉRALISATION DE LA MÉTHODE POUR TOUTES LES SECTIONS PLANES DES SURFACES DE RÉVOLUTION. — SECTION ANTIPARALLÈLE DU CÔNE OBLIQUE.

§ 166.

Nous allons exposer une méthode générale pour trouver l'équation de toute section plane d'une surface de révolution, quand on connaît l'équation de la génératrice de la surface. Pour mieux fixer les idées, nous appliquerons d'abord le procédé aux sections du cône.

Il résulte immédiatement de la définition des surfaces rondes (*Géom.* § 331) que *les sections faites par des plans passant par l'axe, reproduisent deux fois la ligne génératrice de la surface.* Nous désignerons ces sections sous le nom de *méridiens.*

Nous appellerons *parallèles* les intersections de la surface de révolution par des plans perpendiculaires à l'axe. Il est évident que *tous les parallèles sont des circonférences ayant leurs centres sur l'axe* (*Géom.* § 332 , 2).

§ 167.

Soit ST (*fig.* 97) l'axe et SU la génératrice d'une surface conique droite ; il s'agit d'établir l'équation de l'intersection AMN de cette surface par un plan quelconque.

A cet effet nous menerons un méridien USV perpendiculaire au plan sécant AMN ; nous prendrons pour axe des abscisses l'intersection ABX des deux plans ; nous ferons usage de coordonnées rectangulaires, et nous placerons l'origine en A.

Pour fixer la position du plan sécant par rapport à la surface conique, il suffit de connaître la distance $AC = a$ de l'origine à l'axe et l'angle $ABS = \alpha$ que forme le plan sécant avec l'axe.

La surface conique dépend uniquement de l'angle UST que la génératrice fait avec l'axe ; nous représenterons cet angle par β.

Par un point M de la ligne cherchée AMN menons un parallèle DME. Les deux plans AMN et DME étant perpendiculaires au méridien USV (le parallèle est perpendiculaire à l'axe ST), leur intersection MF est aussi normale au méridien. Donc MF et AF sont les coordonnées orthogonales du point M, savoir $MF = y$, $AF = x$.

L'intersection DE du parallèle et du méridien passe par le centre G du parallèle, puisque le centre, situé sur l'axe, se trouve dans le méridien. Donc DE est un diamètre du parallèle, et $MF = y$ perpendiculaire à DE fournit l'équation

$$[1] \qquad y' = DF.FE.$$

En désignant par z le rayon DG du parallèle, on a DF$=z-$FG , FE$=z+$FG et par conséquent

$$y^2 = z^2 - \overline{FG}^2.$$

Or en abaissant FJ perpendiculaire sur AC, il vient

$$FG = JC = a - AJ = a - AF.\sin AFJ = a - x\sin\alpha\,;$$

donc on a

[2] $\qquad\qquad y^2 = z^2 - (a - x\sin\alpha)^2.$

Pour évaluer le rayon z du parallèle, on remarque d'abord que la distance au sommet

$$SG = SC + FJ = SC + x\cos\alpha.$$

On a ensuite

$$z = SG.\mathrm{tg}\beta = SC.\mathrm{tg}\beta + x\cos\alpha\,\mathrm{tg}\beta = a + x\cos\alpha\,\mathrm{tg}\beta.$$

En introduisant cette valeur dans l'équation [2], on obtient, après réduction , pour l'équation cherchée

[3] $\quad y^2 = 2ax(\cos\alpha\,\mathrm{tg}\beta + \sin\alpha) + x^2(\cos^2\alpha\,\mathrm{tg}^2\beta - \sin^2\alpha).$

§ 168.

L'équation [3] est identiquement de même forme que celle qui a été trouvée au § 162 , et elle représente, comme celle-ci , les trois courbes du second ordre, suivant la valeur du coëfficient de x^2. La marche de la discussion étant encore la même, nous nous bornerons à mentionner les résultats.

1° *La section est une ellipse*, si on a

$$\cos^2\alpha\,\mathrm{tg}^2\beta - \sin^2\alpha. < o\,,$$

d'où résulte

$$\alpha > \beta.$$

Si on fait attention que l'angle $\alpha = $TBX (*fig*. 97) et que l'angle $\beta = $TSV, on voit que dans cette hypothèse l'intersection AX du plan sécant et du méridien doit rencontrer l'arête opposée SV.

2° *La section est une parabole*, si on a

$$\cos^2\alpha\,\mathrm{tg}^2\beta - \sin^2\alpha = o$$

ou

$$\alpha = \beta.$$

Dans ce cas AX est parallèle à SV.

3° *La section est une hyperbole*, si on a

$$\cos^2\alpha\,\mathrm{tg}^2\beta - \sin^2\alpha > o.$$

ou
$$\alpha < \beta.$$

Dans cette hypothèse, la ligne AX ira couper l'arête SV prolongée au-delà du sommet S du cône. Dans cette situation le plan coupe les deux *nappes* de la surface conique (la première surface USV et la surface égale que l'on obtient en prolongeant les arêtes au-delà du sommet).

La fig. 98 représente la section elliptique, la fig. 99 la parabolique et la fig. 100 l'hyperbolique.

En résumé, la section est une ellipse, ou une parabole ou une hyperbole suivant que le plan forme avec l'axe un angle plus grand que celui de la génératrice, ou égal, ou plus petit.

En faisant $\beta = o$, l'équation [3] exprimera les sections du cylindre. On obtient ainsi
$$y^2 = 2ax\sin\alpha - x^2.\sin^2\alpha.$$

On s'assurera aisément que les ellipses représentées par cette équation ont toutes pour petit axe le diamètre du cylindre.

§ 169.

L'équation [2] subsiste pour toutes les surfaces de révolution, et voici le résumé du procédé par lequel on y parvient.

Soient ST (*fig.* 101) l'axe et SAU la génératrice d'une surface de révolution. Pour obtenir l'équation de l'intersection AMN de la surface par un plan, on mène un méridien USV normal au plan ; on prend l'intersection AB des deux plans pour axe des x et le point A pour origine de coordonnées orthogonales. On fixe la position du plan sécant par rapport à la surface ronde au moyen de la distance AC $= a$ de l'origine à l'axe et de l'angle ABS $= \alpha$ que le plan forme avec l'axe. Par un point M de l'intersection on fait passer un parallèle MDE, qui coupe le plan AMN d'après l'ordonnée MF $= y$ du point M. Le cercle MDE fournit l'équation
$$y^2 = DF.FE,$$
ou, en désignant le rayon par z et en remplaçant les segments par $z - FG$ et $z + FG$,
$$y^2 = r^2 - FG^2.$$

Ensuite, en abaissant FJ perpendiculaire sur AC, on trouve
$$FG = a - x\sin\alpha,$$
d'où résulte

[2] $$y^2 = z^2 - (a - x\sin\alpha)^2.$$

Reste à exprimer le rayon z. Cette quantité se déduit de l'équation de la génératrice SAU. En prenant ST pour axe des abscisses rectangulaires et S pour origine, $DG = z$ est l'ordonnée du point D et par conséquent *une fonction connue* de l'abscisse SG. D'ailleurs cette abscisse
$$SG = SC + CG = SC + x\cos\alpha,$$
et SC est rattachée à la distance a par la même fonction.

Prenons pour premier exemple la *surface parabolique* engendrée par la révolution d'une demi-parabole SAU autour du premier axe ST. D'après l'équation de la génératrice nous avons
$$z^2 = 2p\,SG = 2p\,SC + 2px\cos\alpha = a^2 + 2px\cos\alpha.$$
En introduisant cette valeur dans l'équation [2], on trouve, après réduction,
$$y^2 = 2x(p\cos\alpha + a\sin\alpha) - x^2\sin^2\alpha.$$
Cette équation représente généralement des ellipses, à moins que α ne soit nul ou que le plan sécant ne soit parallèle à l'axe. Dans ce cas l'équation se réduit à
$$y^2 = 2px$$
et la section est égale à la parabole génératrice.

Soit pour second exemple l'*ellipsoïde aplati* (§ 159). La génératrice de la surface ronde est une demi-ellipse tournant autour du petit axe ST. Pour abréger, nous représenterons SC par b, ce qui donnera
$$SG = b + x\cos\alpha.$$
Pour obtenir la valeur de z, il est visible qu'il faut faire dans l'équation de l'ellipse
$$A^2 y'^2 + B^2 x'^2 = A^2 B^2,$$
$$y' = B - SG = B - b - x\cos\alpha, \quad x' = z.$$
On trouve ainsi

[4] $$A^2(B - b - x\cos\alpha)^2 + B^2 z^2 = A^2 B^2.$$
En faisant
$$y' = B - b \text{ et } x' = a,$$

on a de même

[5] $\qquad A'(B-b)^2 + B'a^2 = A'B^2.$

En retranchant cette équation de [4], on parvient à

$$z^2 - a^2 = \frac{A^2}{B^2}[2(B-b)x\cos\alpha - x^2\cos^2\alpha],$$

et en portant cette valeur dans [2], on est conduit au résultat suivant

$$y^2 = 2x[a\sin\alpha + \frac{A^2}{B^2}(B-b)\cos\alpha] - x^2(\sin^2\alpha + \frac{A^2}{B^2}\cos^2\alpha).$$

Cette équation représente généralement des ellipses. Les cas particuliers des cercles sont faciles à apercevoir. La quantité *b* est liée à *a* par l'équation [5].

§ 170. Théorème.

Les sections antiparallèles du cône oblique à base circulaire sont des cercles.

Le cône SUV (*fig.* 102) dont il s'agit ici diffère du cône droit en ce que l'*axe* ST, ou la droite qui joint le sommet S au centre T de la base, est oblique à la base.

Il est facile de démontrer (*Géom.* § 332, note) que toute section DEM faite par un plan parallèle à la base est, comme dans le cône droit, un cercle dont le centre est sur l'axe ; mais les sections parallèles ne sont pas les seules qui soient circulaires.

Faisons passer un plan USV par l'axe et par la hauteur du cône ; ce plan est perpendiculaire à la base, et nous le désignerons sous le nom de *méridien*.

Si on coupe le cône par un plan MAB perpendiculaire au méridien de manière que l'intersection AB des deux plans forme avec l'arête SU un angle SAB égal à celui SVU que le diamètre de la base forme avec l'*autre* arête SV, je dis que la section sera un cercle. En effet, si on répète la construction et la notation employées pour le cône droit (§ 167), on arrivera encore à l'équation

$$y^2 = DF.FE.$$

Or les triangles DAF et FEB sont semblables, par suite de l'angle SAB=SVU=SED ; on a donc la proportion

$$DF : FB = AF : FE,$$

d'où l'on tire

$$DF.FE = AF.FB.$$

Donc

$$y^2 = AF.FB = x(AB - x),$$

et la section est un cercle ayant AB pour diamètre.

La section anti-parallèle n'existe pas dans le cône droit; car le triangle SUV étant isoscèle, la droite AB devient parallèle à UV.

La proposition que nous venons de démontrer trouve son application dans la Géographie mathématique, pour la construction des cartes (*Voyez* l'Introduction à la Géographie, etc., par *S.-F. Lacroix* , num. 67).

CHAPITRE XVII.

DISCUSSION DE L'ÉQUATION DU SECOND DEGRÉ A DEUX VARIABLES.

§ 171.

Nous allons faire voir que toute équation du second degré à deux variables a pour lieu géométrique une des trois coniques; sauf les cas exceptionnels où l'équation serait impossible, ou déterminée, ou réductible au premier degré.

Cette discussion se composera de deux parties. Dans la première nous rechercherons les limites du lieu géométrique, et dans la seconde nous ferons subir à l'équation les réductions nécessaires pour la ramener aux formes connues des équations des coniques.

§ 172.

L'équation du second degré à deux inconnues x , y peut généralement être exprimée par

$$Ay^2 + Bxy + Cx^2 + Dy + Ex + F = 0.$$

En résolvant cette équation par rapport à y, on trouve

$$y = -\frac{Bx + D}{2A} \pm \frac{1}{2A} \sqrt{[(B^2 - 4AC)x^2 + 2(BD - 2AE)x + D^2 - 4AF]},$$

et en posant, pour abréger,

$$m = B^2 - 4AC,$$
$$n = BD - 2AE,$$
$$p = D^2 - 4AF,$$

il vient

$$y = -\frac{Bx+D}{2A} \pm \frac{1}{2A}\sqrt{(mx^2+2nx+p)}.$$

Pour construire le lieu géométrique représenté par l'équation, on n'aura qu'à introduire dans cette formule des valeurs arbitraires de l'abscisse x (§ 18) ; mais ces valeurs doivent satisfaire à la condition que le trinome sous le radical $mx^2+2nx+p$ soit positif ou au moins égal à o ; autrement les valeurs de y seraient imaginaires.

La recherche des limites que cette condition peut imposer à la variable x a déjà été traitée dans l'Algèbre pour la théorie des maximums et des minimums du second degré (*Alg.* ch. XV); il nous suffira donc de rappeler ici les résultats de la discussion, qui dépendent de la valeur du coëfficient m de x^2.

1er CAS. $m = B^2 - 4AC > o.$

On met le trinome sous la forme

$$\frac{(mx+n)^2+mp-n^2}{m}$$

et on examine les trois valeurs possibles de $mp-n^2$.

Si $mp-n^2$ est positif, *l'abscisse* x *n'a aucune limite* et on peut lui attribuer toutes les valeurs depuis o jusqu'à $\pm\infty$.

EXEMPLE.

$$y^2-8xy+15x^2-2x-2=0.$$
$$y = 4x \pm \sqrt{3x^2+2x+2}.$$

Si $mp-n^2$ est négatif, $= -(n^2-mp)$, il faut prendre $(mx+n)^2$ *au moins égal à* n^2-mp, d'où *il résulte pour* x *deux séries de valeurs infinies*, la première série ayant pour minimum $\frac{\sqrt{(n^2-mp)}-n}{m}$ et la seconde pour maximum $\frac{-\sqrt{(n^2-mp)}-n}{m}$.

EXEMPLE.

$$y^2 + 2xy - 4x^2 + 2y - 4x = 0,$$
$$y = -x - 1 \pm \sqrt{(5x^2 + 6x + 1)},$$
$$mp - n^2 = -4,$$

et les valeurs de x possibles sont

1° série... depuis $-\frac{1}{5}$ jusqu'à $+\infty$,

2° série... depuis -1 jusqu'à $-\infty$.

Dans chacune des deux hypothèses que nous venons d'examiner, la courbe a quatre branches infinies, situées dans les quatre angles des axes. On reconnaîtra bientôt que *c'est une hyperbole*.

Lorsque, par exception, $mp - n^2 = 0$, la valeur de y se réduit à

$$y = -\frac{Bx + D}{2A} \pm \frac{mx + n}{2A\sqrt{m}}.$$

L'équation proposée s'abaisse alors au premier degré, et elle représente deux lignes droites.

EXEMPLE.

$$9y^2 - 6xy - 5x^2 + 36x - 54 = 0,$$
$$y = \tfrac{1}{3}x \pm \sqrt{\tfrac{2}{3}(x^2 - 6x + 9)}$$
$$= \tfrac{1}{3}x \pm (x - 3)\sqrt{\tfrac{2}{3}}.$$

L'équation comprend donc les deux lignes droites

$$y = \tfrac{1}{3}(1 + \sqrt{6})x - \sqrt{6},$$
$$y = \tfrac{1}{3}(1 - \sqrt{6})x + \sqrt{6}.$$

2° CAS. $B^2 - 4AC < 0$.

Dans cette supposition, on pose $B^2 - 4AC = -m$, pour avoir m positif, et on met le trinome $-mx^2 + 2nx + p$ sous la forme

$$\frac{-(mx - n)^2 + n^2 + mp}{m}.$$

Si $n^2 + mp$ est > 0, les valeurs admissibles de x forment une série unique, dont le *maximum* est $\dfrac{n + \sqrt{n^2 + mp}}{m}$ et le *minimum*

$\dfrac{n-\sqrt{(n^2+mp)}}{m}$. Dans ce cas le lieu géométrique est entièrement limité et on verra que *c'est une ellipse*.

EXEMPLE.

$$y^2-4xy+6x^2-6x-5=0.$$
$$y=2x\pm\sqrt{(-2x^2+6x+5)}.$$
$$\text{Maximum}\ldots\ \ x=\tfrac{1}{2}(3+\sqrt{19}),$$
$$\text{Minimum}\ldots\ \ x=\tfrac{1}{2}(3-\sqrt{19}).$$

Quand n^2+mp est $<o$, le trinome est toujours négatif et
l'équation est impossible en quantités réelles.

EXEMPLE.

$$y^2-4xy+6x^2-6x+5=0,$$
$$y=2x\pm\sqrt{(-2x^2+6x-5)}.$$

Pour rendre évidente l'absurdité de cette équation, on
chasse le radical et on transforme le trinome, ce qui donne

$$(y-2x)^2=-2x^2+6x-5=\frac{-(2x-3)^2-1}{2},$$
$$2(y-2x)^2+(2x-3)^2=-1.$$

Enfin quand $n^2+mp=o$, le trinome $\dfrac{-(mx-n)^2}{m}$ n'est positif que pour la seule valeur de x répondant à $mx-n=o$, et *le
lieu géométrique se réduit à un point* ayant pour équations

$$x=\frac{n}{m},\quad y=-\frac{Bn+Dm}{2Am}.$$

EXEMPLE.

$$4y^2-4xy+10x^2-6x+1=0,$$
$$y=\tfrac{1}{2}x\pm\tfrac{1}{2}\sqrt{(-9x^2+6x-1)}.$$
$$x=\tfrac{1}{3},\quad y=\tfrac{1}{6}.$$

3ᵉ CAS. $B^2-4AC=o.$

Dans cette supposition la quantité sous le radical se réduit
au binome $2nx+p$.

Si le coëfficient n est positif la série des valeurs de x a pour minimum $-\dfrac{p}{2n}$, et, à partir de cette limite, la ligne s'étend à l'infini du côté des x positifs, de part et d'autre de l'axe des x. Il sera démontré que *la courbe est une parabole.*

EXEMPLE.

$$y^2 - 6xy + 9x^2 - 4y + 10x - 1 = 0$$
$$y = 3x + 2 \pm \sqrt{(2x+5)}.$$
$$\text{Minimum} \qquad x = -\tfrac{5}{2}.$$

Quand le coëfficient de $2x$ est négatif et égal à $-n$, les valeurs de x ont pour *maximum* $\dfrac{p}{2n}$. Dans ce cas la courbe, qui est toujours une parabole, s'étend à l'infini dans le sens des x négatifs. Pour avoir un exemple de cette situation, il suffit de changer x en $-x$ dans l'exemple précédent.

Enfin, si $n = 0$, l'équation s'abaisse au premier degré, et *le lieu géométrique dégénère en deux droites parallèles.*

$$y = -\frac{Bx+D}{2A} \pm \frac{1}{2A}\sqrt{p}.$$

Les deux droites se réduisent à une quand $p = 0$ et elles n'existent pas quand p est négatif.

EXEMPLE.

$$y^2 - 4xy + 4x^2 - 3 = 0 ,$$
$$y = 2x \pm \sqrt{3}.$$

§ 173.

Si l'équation à discuter était privée du terme Ay^2, on la résoudrait par rapport à x.

Lorsque les deux carrés des variables manquent à la fois, l'équation

$$Bxy + Dy + Ex + F = 0 ,$$

résolue par rapport à y, fournit

$$y=-\frac{Ex+F}{Bx+D}\,,$$

et il est évident que les valeurs de x ne sont astreintes à aucune limite.

§ 174.

Pour reconnaître la section conique exprimée par une équation du second degré et pour déterminer les éléments de cette courbe, il faut réduire l'équation par la transformation des coordonnées. Cette opération peut s'exécuter de diverses manières ; le procédé suivant nous a paru le plus simple.

On fait d'abord disparaître les premières puissances des variables et ensuite leur produit. La première réduction suppose que B^2-4AC n'est pas nul ; ce cas exceptionnel doit être traité spécialement.

§ 175.

Pour faire évanouir les deux termes en x et en y de l'équation
$$[1] \qquad Ay^2+Bxy+Cx^2+Dy+Ex+F=o\,,$$
on transporte les axes parallèlement à leurs premières directions, et en désignant par a et b les coordonnées de la nouvelle origine, on a (§ 143)
$$x=a+x',\quad y=b+y'.$$
En introduisant ces valeurs dans l'équation [1], après la suppression des accents des nouvelles coordonnées, on parvient à
$$Ay^2+Bxy+Cx^2+D'y+E'x+G=o\,,$$
en posant, pour abréger
$$D'=2Ab+Ba+D\,,\quad E'=2Ca+Bb+E\,,$$
$$[a] \qquad G=Ab^2+Bab+Ca^2+Db+Ea+F.$$
Ensuite on fait D' et E' égaux à o, ce qui réduit l'équation proposée à
$$[2] \qquad Ay^2+Bxy+Cx^2+G=o\,,$$
et on a le système
$$[b] \qquad 2Ab+Ba+D=o\,,$$
$$[c] \qquad 2Ca+Bb+E=o\,,$$

d'où l'on tire les valeurs de a et de b, savoir

$$a = \frac{2AE - BD}{B^2 - 4AC}, \quad b = \frac{2CD - BE}{B^2 - 4AC}.$$

Quand $B^2 - 4AC = o$, ces valeurs sont infinies; elles seraient indéterminées si les numérateurs $2AE - BD$ et $2CD - BE$ étaient nuls en même temps. Mais alors l'équation s'abaisse au premier degré (§ 172, 3e cas).

En introduisant les valeurs de a et de b dans [a], on aura celle de G. Mais le calcul peut être considérablement abrégé par la combinaison des équations [b] et [c]. En multipliant la première par $\frac{1}{2}b$ et la seconde par $\frac{1}{2}a$ et en faisant la somme des produits, il vient

$$Ab^2 + Bab + Ca^2 + \tfrac{1}{2}(Db + Ea) = o.$$

De là résulte

$$G = F + \tfrac{1}{2}(Db + Ea).$$

§ 176.

Pour faire disparaître le terme en xy de l'équation

$$[2] \qquad Ay^2 + Bxy + Cx^2 + G = o,$$

il faut faire tourner les axes autour de la nouvelle origine. Nous exécuterons cette rotation de manière que les nouveaux axes soient rectangulaires. A cet effet, on a les formules suivantes (§ 143, 4), dans lesquels θ est l'angle des axes primitifs et α l'angle qui forme le nouvel axe des x avec l'ancien :

$$x = \frac{x'\sin(\theta - \alpha) - y'\cos(\theta - \alpha)}{\sin\theta},$$

$$y = \frac{x'\sin\alpha + y'\cos\alpha}{\sin\theta}.$$

En introduisant ces valeurs dans [2] et en supprimant les accents, on trouvera le résultat

$$My^2 + B'xy + Nx^2 + G\sin^2\theta = o,$$

dans lequel nous avons fait

$$[d] \qquad M = A\cos^2\alpha + C\cos^2(\theta - \alpha) - B\cos\alpha\cos(\theta - \alpha),$$

$$[e] \qquad N = A\sin^2\alpha + C\sin^2(\theta - \alpha) + B\sin\alpha\sin(\theta - \alpha),$$

$$B' = 2A\sin\alpha\cos\alpha - 2C\sin(\theta - \alpha)\cos(\theta - a) + B[\sin(\theta - \alpha)\cos\alpha - \sin\alpha$$
$$\times\cos(\theta - \alpha)] = A\sin2\alpha - C\sin(2\theta - 2\alpha) + B\sin(\theta - 2\alpha).$$

En posant B'$=o$, l'équation proposée est ramenée à la forme

[3] $\qquad\qquad$ $My^2 + Nx^2 + G\sin^2\theta = o$,

et on a la relation

[f] $\qquad$ $A\sin 2\alpha - C\sin(2\theta - 2\alpha) + B\sin(\theta - 2\alpha) = o$,

d'où l'on tire

$$\mathrm{tg}2\alpha = \frac{C\sin 2\theta - B\sin\theta}{A + C\cos 2\theta - B\cos\theta}.$$

Lorsque les axes primitifs sont rectangles, $\theta = 90^\circ$ et on a

$$\mathrm{tg}2\alpha = -\frac{B}{A - C}.$$

La détermination des coëfficients M et N par l'intervention de l'angle α est assez compliquée; mais on peut éviter cette quantité auxiliaire. Pour cela on fait la somme et la différence des équations [d] et [e], ce qui donne

[g] $\qquad$ $M + N = A + C - B\cos\theta$,

[h] $\qquad$ $M - N = A\cos 2\alpha + C\cos(2\theta - 2\alpha) - B\cos(\theta - 2\alpha)$.

Ensuite on fait la somme des carrés des équations [h] et [f] renversée, ce qui conduit à

[i] $\quad$ $(M - N)^2 = A^2 + C^2 + B^2 + 2AC\cos 2\theta - 2(A + C)B\cos\theta$.

Il est facile de déduire les valeurs de M et de N des équations]g] et [i].

En retranchant [i] du carré de [g], on parvient à

[k] $\qquad\qquad$ $4MN = (4AC - B^2)\sin^2\theta$.

On voit par cette dernière relation que les coëfficients M et N sont de *signes contraires* quand $B^2 - 4AC$ est positif, et *de même signe* quand $B^2 - 4AC$ est négatif.

La valeur de $(M - N)^2$ dans l'équation [i] peut être mise sous d'autres formes. On a d'abord

$$(M - N)^2 = (A - C)^2\sin^2\theta + [(A + C)\cos\theta - B]^2.$$

Cette transformation, qu'il est facile de vérifier, montre que $(M - N)^2$ est toujours positif et que par conséquent M et N sont toujours réels.

On a encore

[l] $\qquad$ $(M - N)^2 = (M + N)^2 - 4MN$

$\qquad\qquad\qquad = (A + C - B\cos\theta)^2 + (B^2 - 4AC)\sin^2\theta$.

§ 177.

Maintenant on aperçoit aisément que dans le cas où B^2-4AC est $>o$, l'équation

$$[3] \qquad My^2+Nx^2+G\sin^2\theta=o$$

représente une hyperbole rapportée à ses axes. En effet, en désignant les demi-axes de l'hyperbole par α et par β, son équation est

$$\alpha^2y^2-\beta^2x^2+\alpha^2\beta^2=o$$

et les deux équations deviennent identiques en prenant pour M le signe de G ; d'ailleurs on peut disposer de ce signe en attribuant à $M-N$ dans l'équation $[i]$ le signe $+$ ou le signe $-$.

Pour déterminer les axes, on met les deux équations sous la forme.

$$\frac{M}{G\sin^2\theta}y^2+\frac{N}{G\sin^2\theta}x^2+1=o,$$

$$\frac{1}{\beta^2}y^2-\frac{1}{\alpha^2}x^2+1=o,$$

et l'on trouve

$$\alpha^2=-\frac{G\sin^2\theta}{N}, \quad \beta^2=\frac{G\sin^2\theta}{M}.$$

Lorsque, par exception, $G=o$, les deux branches de la courbe dégénèrent en deux droites passant par l'origine.

§ 178.

Dans le cas de $B^2-4AC<o$, l'équation $[3]$ représente une ellipse, si le signe de M et de N est l'opposé de celui de G. Alors on peut la ramener à la forme suivante, où les coëfficients sont positifs,

$$My^2+Nx^2-G\sin^2\theta=o.$$

D'ailleurs, on peut choisir la solution des équations $[g]$ et $[i]$ pour laquelle la valeur absolue de M surpasse celle de N. Cela posé, si on prend l'équation de l'ellipse par rapport à ses demi-axes α, β, savoir

$$\alpha^2y^2+\beta^2x^2-\alpha^2\beta^2=o,$$

on verra que

$$\alpha^2 = \frac{G\sin^2\theta}{N} , \quad \beta^2 = \frac{G\sin^2\theta}{M}.$$

Lorsque le signe de G est le même que celui de M et de N, il est visible que l'équation [3] est absurde.

Enfin quand $G = o$, l'équation [3] se réduit à un point, l'origine des coordonnées.

§ 179.

Il nous reste à réduire l'équation générale dans l'hypothèse de $B^2 - 4AC = o$.

Dans ce cas on commence par débarrasser l'équation du terme en xy, et on trouve que cette simplification fait disparaître en même temps un des carrés des variables. On procède ensuite à une seconde transformation pour faire évanouir une première puissance et le terme indépendant des variables.

§ 180.

La première réduction s'exécute en changeant, comme au § 176, la direction des axes de manière à les rendre rectangulaires. On pourrait à cet effet se servir en partie des formules déjà trouvées ; mais il est plus simple de procéder de la manière suivante.

Par suite de $B^2 - 4AC = o$, $B = \pm 2\sqrt{(AC)}$ et les trois premiers termes de l'équation constituent un carré

$$Ay^2 + Bxy + Cx^2 = (y\sqrt{A} \pm x\sqrt{C})^2.$$

On peut donc mettre l'équation sous la forme

$$(y\sqrt{A} \pm x\sqrt{C})^2 + Dy + Ex + F = o.$$

En y introduisant les formules ($\S$ 176)

$$x = \frac{x'\sin(\theta - \alpha) - y'\cos(\theta - \alpha)}{\sin\theta},$$

$$y = \frac{x'\sin\alpha + y'\cos\alpha}{\sin\theta},$$

on parvient à l'équation

$$My^2 + Nx^2 + Hy + Kx + F\sin^2\theta = o,$$

dans laquelle on a posé

[a]
$$M = [\cos\alpha\sqrt{A} - \cos(\theta-\alpha)\sqrt{C}]^2$$
$$N = [\sin\alpha\sqrt{A} + \sin(\theta-\alpha)\sqrt{C}]^2,$$
$$\sqrt{(MN)} = 0$$

[b]
$$H = \sin\theta[D\cos\alpha - E\cos(\theta-\alpha)]$$

[c]
$$K = \sin\theta[D\sin\alpha + E\sin(\theta-\alpha)].$$

La relation $\sqrt{(MN)} = 0$, ou $MN = 0$, qui exprime la condition nécessaire pour la disparition du terme en xy, montre que l'un des facteurs M, N doit être nul. Nous prendrons $N = 0$, ce qui fournira

[d]
$$\sin\alpha\sqrt{A} + \sin(\theta-\alpha)\sqrt{C} = 0,$$

$$\operatorname{tg}\alpha = -\frac{\sin\theta\sqrt{C}}{\sqrt{A} - \cos\theta\sqrt{C}}.$$

En ajoutant à l'équation [a] le carré de [d] renversée, on arrive à

$$M = A + C - B\cos\theta.$$

En faisant la somme des carrés des équations [b] et [c], on est conduit à

$$H^2 + K^2 = \sin^2\theta(D^2 + E^2 - 2DE\cos\theta).$$

Cette équation servira à déduire la valeur de H de celle de K. Quant à celle-ci, on l'obtient en introduisant les valeurs de $\sin\alpha$ et de $\sin(\theta-\alpha)$ dans la formule [c]. D'abord on a

$$\sin^2\alpha = \frac{\operatorname{tg}^2\alpha}{1 + \operatorname{tg}^2\alpha} = \frac{C\sin^2\theta}{A + C - B\cos\theta} = \frac{C\sin^2\theta}{M},$$

$$\sin\alpha = \sin\theta\sqrt{\frac{C}{M}},$$

et par l'équation [d]

$$\sin(\theta-\alpha) = -\sin\alpha\sqrt{\frac{A}{A}} = -\sin\theta\sqrt{\frac{A}{M}}.$$

De là résulte

[e]
$$K = \sin^2\theta\,\frac{D\sqrt{C} - E\sqrt{A}}{\sqrt{M}}.$$

§ 181.

L'équation est maintenant ramenée à

[2]
$$My^2 + Hy + Kx + F\sin^2\theta = 0.$$

Pour la réduire ultérieurement, on déplace l'origine, en conservant les directions des axes. On a ainsi
$$x = a + x', \quad y = b + y',$$
et par la substitution de ces valeurs on est conduit à
$$My^2 + H'y + Kx + F' = o,$$
en posant

$$H' = 2Mb + H,$$
$$F' = Mb^2 + Hb + Ka + F\sin^2\theta.$$

Or on peut disposer des coordonnées a, b de la nouvelle origine de manière que H' et F' soient nulles. Alors l'équation proposée n'a plus que deux termes
$$[3] \qquad My^2 + Kx = o,$$
et on a pour déterminer a et b les relations
$$2Mb + H = o,$$
$$Mb^2 + Hb + Ka + F\sin^2\theta = o.$$

En remplaçant K par sa valeur [e], l'équation [3] donne
$$y^2 = \frac{E\sqrt{A} - D\sqrt{C}}{M\sqrt{M}}\sin^2\theta.x,$$

ce qui représente évidemment une parabole, rapportée à son axe et ayant pour paramètre $2p$ le coëfficient de x. Si ce coëfficient est $< o$, la courbe est située du côté des abscisses négatives.

CHAPITRE XVIII.

MÉTHODES POUR LA DÉTERMINATION DES CENTRES ET DES ASYMPTOTES DES CONIQUES.

§ 182.

On a vu (§§ 117 et 133) que le milieu de la distance focale dans l'ellipse et dans l'hyperbole est un *centre*, c'est-à-dire un point qui divise en deux parties égales toutes les cordes qui y passent (§ 113). Nous allons démontrer que ces courbes n'ont pas d'autre centre et que la parabole en est entièrement dépourvue.

Soient m, n les coordonnées d'un centre ; l'équation d'une centrale sera (§ 34)

$$y-n=a(x-m).$$

En éliminant y entre cette équation et celle de la courbe, on aura une équation en x, que l'on pourra mettre sous la forme

$$x^2+Px+Q=o,$$

et en en désignant les racines par x' et x'', on aura

$$x'+x''=-P.$$

Or x' et x'' étant les abscisses des extrémités du diamètre, on a aussi (§ 49)

$$x'+x''=2m.$$

En comparant ces deux relations, on obtient

[1] $$P+2m=o.$$

La quantité P est une fonction du coëfficient a de la centrale, et comme l'équation [1] doit subsister pour toutes les valeurs de a, il s'ensuit qui si on ordonne l'équation par rapport aux puissances de a, tous les coëfficients doivent être nuls (*Alg.* § 194). Donc en égalant ces coëfficients à zéro, on aura les valeurs de m et de n.

Appliquons d'abord ces considérations à l'ellipse

$$A^2y^2+B^2x^2=A^2B^2.$$

En éliminant y on parvient à

$$P=\frac{2A^2a(n-am)}{A^2a^2+B^2},$$

et en portant cette valeur dans l'équation [1], on trouve, après réduction,

$$A^2an+B^2m=o.$$

On doit donc avoir $n=o$ et $m=o$, ce qui montre que le centre cherché est l'origine, milieu de la distance focale.

L'hyperbole conduit au même résultat.

Pour la parabole

$$y^2=2px,$$

on trouve

$$P=\frac{2an-2a^2m-2p}{a^2},$$

$$an-p=o.$$

Cette équation met en évidence l'impossibilité du centre, puisque l'on devrait avoir $p=o$.

En appliquant le procédé à l'équation générale du second degré à deux variables, on obtient pour m et n les valeurs trouvées au § 175 pour les coordonnées a et b de l'origine qui fait disparaître les premières puissances des variables.

§ 185.

Les asymptotes (§ 12) jouissent de la double propriété de se rapprocher continuellement des courbes et de ne les atteindre qu'à l'infini. Dans les courbes du deuxième ordre le second caractère suffit pour faire découvrir les asymptotes ou en démontrer l'impossibilité.

La méthode que nous allons exposer repose sur un principe d'Algèbre.

Si les deux racines de l'équation du second degré

$$mx^2 + nx + p = o$$

sont infinies, sans que le terme p *le soit, les coëfficients* m *et* n *sont nuls.*

Pour démontrer ce théorème, on résout l'équation, en prenant d'abord pour inconnue mx (*Alg.* § 107). On trouve, en représentant les deux racines par x et par x',

$$x = \frac{-n + \sqrt{(n^2 - 4mp)}}{2m}, \quad x' = \frac{-n - \sqrt{(n^2 - 4mp)}}{2m}.$$

En multipliant les deux termes de la première formule par $n + \sqrt{(n^2 - 4mp)}$ et ceux de la seconde par $n - \sqrt{(n^2 - 4mp)}$, on obtient, après réductions,

$$x = -\frac{2p}{n + \sqrt{(n^2 - 4mp)}}, \quad x' = \frac{2p}{n - \sqrt{(n^2 - 4mp)}}.$$

Par hypothèse ces valeurs sont infinies et p ne l'est pas; conséquemment les dénominateurs sont nuls et l'on a

$$n + \sqrt{(n^2 - 4mp)} = o$$
$$n - \sqrt{(n^2 - 4mp)} = o.$$

En faisant la somme de ces équations, il vient

$$n = o,$$

13

et en introduisant cette valeur dans la première de ces équations on a

$$\sqrt{(-4mp)}=o, \quad mp=o.$$

La nullité du produit mp exige que l'un des facteurs au moins soit nul ; or p n'est pas nul , car s'il l'était l'équation proposée s'abaisserait au premier degré ; donc

$$m=o.$$

§ 184.

Soit $y=ax+b$ l'équation d'une asymptote à une courbe du second ordre , et supposons d'abord que cette droite ne soit pas parallèle à l'axe des y. Sous cette restriction ni a ni b ne sont infinis, et il est clair que toute valeur finie de x doit en fournir une semblable pour y. Cela posé, si on élimine y entre l'équation $y=ax+b$ et celle de la courbe, les deux racines de l'équation finale

$$mx^2+nx+p=o,$$

qui seront les abscisses de l'intersection, devront être infinies, autrement la droite rencontrerait réellement la courbe. D'ailleurs il est visible que le terme p sera toujours une quantité finie, fonction de b et des constantes de la courbe. Ainsi les coëfficients m et n seront nuls, et on aura , pour déterminer les constantes a et b de l'asymptote, les deux équations

$$m=o, \quad n=o.$$

En ce qui concerne les asymptotes parallèles aux ordonnées, dont l'équation est $x=c$, pour déterminer la constante c, il suffit de la substituer à x dans l'équation de la courbe et d'égaler à zéro les coëfficients de y^2 et de y, pour avoir les deux racines infinies. En traitant ainsi l'équation générale ,

$$Ay^2+Bxy+Cx^2+Dy+Ex+F=o,$$

on trouve successivement

$$Ay^2+(Bc+D)y+Cc^2+Ec+F=o,$$
$$A=o,$$
$$Bc+D=o, \quad c=-\frac{D}{B}.$$

La relation $A=o$ *montre que les asymptotes parallèles aux ordonnées ne sont possibles qu'autant que l'équation ne renferme pas le carré de* y.

Nous croyons superflu de consigner ici les formules générales pour les autres asymptotes. La recherche et la discussion de ces formules ne présentent aucune difficulté, et d'ailleurs il est toujours préférable d'appliquer directement le procédé à l'équation particulière proposée. Nous allons donner des exemples de cette application.

Soit d'abord l'hyperbole rapportée à ses axes
$$A^2 y^2 - B^2 x^2 = -A^2 B^2.$$
On voit de suite que la courbe n'a pas d'asymptote parallèle aux ordonnées. Pour obtenir les autres, on suit la marche tracée et on trouve successivement
$$(A^2 a^2 - B^2) x^2 + 2A^2 abx + A^2 b^2 + A^2 B^2 = 0,$$
$$A^2 a^2 - B^2 = 0, \quad a = \pm \frac{B}{A},$$
$$2A^2 ab = 0, \quad b = 0.$$
La courbe a donc deux asymptotes seulement (§ 148)
$$y = \frac{B}{A} x, \quad y = -\frac{B}{A} x.$$

L'équation de l'ellipse
$$A^2 y^2 + B^2 x^2 = A^2 B^2$$
conduit à
$$A^2 a^2 + B^2 = 0,$$
d'où résulte pour a une valeur imaginaire, qui prouve l'impossibilité des asymptotes.

Pour la parabole
$$y^2 = 2px,$$
il vient
$$a^2 x^2 + 2(ab - p)x + b^2 = 0,$$
$$a^2 = 0, \quad a = 0,$$
$$ab - p = 0, \quad b = \frac{p}{a} = \infty.$$

Les valeurs de a et de b expriment une droite impossible, car cette ligne devrait être parallèle à l'axe des x et couper l'axe des y à une distance infinie de l'origine. Il est en outre visible que la courbe n'a pas d'asymptote parallèle aux ordonnées.

Nous donnerons encore les résultats de l'application de la méthode à trois équations hyperboliques.

PREMIER EXEMPLE.

$$B xy + D y + E x + F = o.$$

Première asymptote

$$a = o, \qquad b = -\frac{E}{B}, \qquad y = -\frac{E}{B},$$

droite parallèle à l'axe des x.

Seconde asymptote, parallèle aux ordonnées,

$$x = c = -\frac{D}{B}.$$

DEUXIÈME EXEMPLE.

$$B xy + C x^2 + F = o.$$

Première asymptote $y = -\dfrac{C}{B} x.$

Seconde asymptote $x = o.$

TROISIÈME EXEMPLE.

$$2 y^2 + x y - x^2 + 5 = o.$$

Asymptotes

$$y = \tfrac{1}{2} x, \qquad y = -x.$$

CHAPITRE XIX.

USAGE DES CONIQUES POUR LA CONSTRUCTION DES ÉQUATIONS DU TROISIÈME ET DU QUATRIÈME DEGRÉS.

§ 185.

Nous avons exposé, dans l'introduction, la construction des formules linéaires des deux premiers degrés au moyen de la règle et du compas, c'est-à-dire par des intersections de droites et de circonférences. Ce procédé n'est pas applicable aux degrés supérieurs, parce que l'équation résultant de l'élimination d'une variable entre deux équations de droites ou de cercles ne dépasse jamais le second degré.

Ces bornes de la *méthode élémentaire* étaient ignorées des premiers géomètres grecs, et quelques problèmes ont acquis de la célébrité par suite de leurs tentatives infructueuses pour y adapter ce mode de solution. Plus tard les mêmes questions ont été résolues de diverses manières, à l'aide des coniques ou d'autres courbes algébriques, telles que la cissoïde (§ 12) et la conchoïde (§ 13).

Les plus fameux de ces problèmes sont du troisième degré, et ils ont pour objet la duplication du cube, la détermination de deux moyennes proportionnelles et la trisection de l'angle.

Si on représente par a l'arête d'un cube donné et par x celle du cube double cherché, on a pour la *duplication du cube* l'équation

$$x^3 = 2a^3.$$

Nous avons établi l'équation de la *trisection de l'angle ou de l'arc* (*Int.*, 21), savoir

$$y^3 - 2r^2 y = -2br^2;$$

r est le rayon du cercle et b le cosinus de l'arc.

Pour *trouver deux moyennes proportionnelles* x, y *à deux droites données* a, b, il faut satisfaire à la double proportion

$$a : x = x : y = y : b.$$

On en déduit les deux équations

$$x^2 = ay, \qquad y^2 = bx,$$

et en éliminant y on trouve

$$x^3 = a^2 b.$$

Nous allons décrire une méthode générale pour la construction de l'équation du troisième degré par le secours des coniques, et il sera facile d'approprier les formules aux cas particuliers que nous venons d'énumérer.

En ce qui concerne l'emploi de la cissoïde et de la conchoïde pour résoudre les trois problèmes, son exposé nous entraînerait dans des détails trop longs pour l'importance du sujet, eu égard aux limites de notre cadre.

13.

§ 186.

On peut considérer les racines d'une équation linéaire comme les ordonnées ou comme les abscisses des intersections de deux lieux géométriques (§ 65). Il est d'ailleurs facile de s'assurer que l'élimination d'une variable entre deux équations de coniques conduit à une équation du 4°, du 3° ou du 2° degré, suivant la position que l'on donne aux deux courbes relativement au système commun des axes.

On conçoit d'après cela la possibilité de construire les équations du 4° et du 3° degrés par les intersections de deux coniques.

De toutes les combinaisons possibles la plus simple consiste dans l'emploi d'une circonférence et d'une parabole. Prenons les équations

$$y^2 = 2px,$$
$$(y - \beta)^2 + (x - \alpha)^2 = r^2$$

de la parabole rapportée à son axe et à la tangente au sommet et du cercle rapporté aux mêmes axes. En éliminant x, on parvient à

$$[1] \quad y^4 + 4p(p - \alpha)y^2 - 8p^2\beta y + 4p^2(\alpha^2 + \beta^2 - r^2) = 0.$$

En comparant cette équation à celle du quatrième degré

$$y^4 + ay^2 + by + c = 0,$$

on voit que pour les identifier il faut faire

$$4p(p - \alpha) = a,$$
$$-8p^2\beta = b,$$
$$4p^2(\alpha^2 + \beta^2 - r^2) = c.$$

Ce système renfermant quatre inconnues p, α, β, r et trois équations seulement, on peut disposer arbitrairement d'une des inconnues. En supposant, par exemple, que l'on ait d'abord fixé la parabole en attribuant une valeur quelconque au demi paramètre p, on aura les éléments du cercle par les formules

$$\alpha = p - \frac{a}{4p}, \qquad \beta = -\frac{b}{8p^2},$$

$$r^2 = \alpha^2 + \beta^2 - \frac{c}{4p^2}.$$

L'équation [1] fournit également la construction de l'équation du 3° degré

[2] $$y^3 + ay + b = o.$$

A cet effet il suffit de faire passer la circonférence par l'origine, ce qui donne

$$r^2 = \alpha^2 + \beta^2.$$

Par cette valeur l'équation [1] se réduit à

$$y^3 + 4p(p-\alpha)y - 8p^2\beta = o.$$

En rapprochant ce résultat de [2] et en regardant encore p comme connu, on trouve comme ci-dessus

$$\alpha = p - \frac{a}{4p}, \qquad \beta = -\frac{b}{8p^2}.$$

CHAPITRE XX.

ÉQUATIONS POLAIRES DE LA DROITE ET DES CONIQUES.

§ 187.

Nous avons fait connaître la méthode des coordonnées polaires (§ 7).

Nous désignerons par z le rayon vecteur AM (*fig.* 16) d'un point quelconque M et par α l'angle A que le rayon vecteur forme avec l'axe AB.

§ 188.

Équation polaire de la ligne droite.

Soit (*fig.* 103) A le pôle, AB l'axe et CD une droite. Pour fixer la position de la droite on a la partie AC$=a$ de l'axe comprise entre le pôle et la droite et l'angle DCB$=\beta$ que la droite forme avec l'axe.

En tirant le rayon vecteur d'un point M, le triangle CMA fournit immédiatement l'équation cherchée

$$Z = a \cdot \frac{\sin\beta}{\sin(\alpha - \beta)}.$$

§ 189.

Équation polaire de la circonférence.

On connaît le rayon $CM=r$ du cercle (*fig.* 104), la distance $AC=a$ du centre au pôle et l'angle $CAB=\beta$ que cette distance fait avec l'axe AB.

En joignant un point M de la circonférence au pôle et au centre, le triangle ACM, dans lequel l'angle $CAM=\beta-\alpha$, fournit l'équation cherchée

$$z^2-2az\cos(\beta-\alpha)=r^2-a^2.$$

Quand $a=o$, l'équation se réduit à

$$z=r,$$

ce qui est bien évident.

§ 190.

Équation polaire de l'ellipse.

On prend le grand axe AB de la courbe (*fig.* 55) pour axe des coordonnées et on place le pôle au foyer F.

En joignant un point M de la courbe aux deux foyers, le triangle FMF' a pour éléments les côtés $FF'=2C$, $FM=z$, $MF'=2A-z$ et l'angle $MFF'=\alpha$. De là l'équation

$$(2A-z)^2=4C^2+z^2-4Cz\cos\alpha,$$

d'où l'on tire

$$z=\frac{A^2-C^2}{A-C\cos\alpha}=\frac{B^2}{A-C\cos\alpha}.$$

En divisant les deux termes du second membre par A et en posant

$$\frac{B^2}{A}=p, \qquad \frac{C}{A}=e,$$

l'équation prend la forme

$$z=\frac{p}{1-e\cos\alpha}.$$

§ 191.

Équation polaire de l'hyperbole.

La question se traite comme la précédente. En plaçant le pôle au foyer gauche et en employant encore la même notation, on trouve pour la branche gauche l'équation

$$z=\frac{p}{1+e\cos\alpha}$$

et pour la branche droite l'équation

$$z = \frac{p}{1 - e\cos\alpha}.$$

§ 192.

Équation polaire de la parabole.

L'axe AX (*fig.* 61) de la courbe est celui des coordonnées et le foyer F est le pôle.

En tirant le rayon vecteur d'un point M et en abaissant du point des perpendiculaires MH sur la directrice DE et MN sur l'axe, on a

$$z = FM = MH = FG - FN = p + z\cos\alpha$$

et par conséquent

$$z = \frac{p}{1 - \cos\alpha}.$$

NOTE I.

TANGENTE, RECTIFICATION ET QUADRATURE DE LA CYCLOIDE.

Soit (*fig.* 105) la demi-cycloïde ABC, ayant pour sommet A et pour demi-circonférence génératrice ADC.

Prenons sur la courbe deux points *infiniment proches* E, F; abaissons les perpendiculaires EG, FH sur le diamètre AC et joignons FE, AD, AJ, DJ.

On a (§ 15)

$$FJ = arcAJ, \quad ED = arcAD;$$

donc

$$FJ - ED = arcDJ = cordeDJ.$$

Or le triangle DJK est isoscèle; car l'angle DJK=ADG, comme inscrits interceptant des arcs égaux, tandis que l'angle DKJ=ADG+DAJ=ADG, en négligeant l'angle infiniment petit DAJ. Donc DJ=DK et par conséquent

$$FJ - ED = DK, \quad FJ = ED + DK = EK.$$

Ainsi le quadrilatère EKJF est un parallélogramme et FE est parallèle à AJ. Or FE prolongée est tangente au point F; donc

1° *Pour construire la tangente en un point F de la cycloïde, il faut abaisser l'ordonnée FH, tirer la corde AJ dans le cercle générateur et mener FT parallèle à AJ.*

2° RECTIFICATION.

En abaissant la hauteur DL du triangle isoscèle JDK, on a FE=JK =2JL. Or JL=AJ—AL=AJ—ADcosDAJ=AJ—AD+2ADsin²$\frac{1}{2}$DAJ; et puisque l'angle DAJ est infiniment petit, le terme 2ADsin²$\frac{1}{2}$DAJ est un infiniment petit *du second ordre*, que l'on peut négliger. On a ainsi JL=AJ—AD et

$$FE = 2(AJ - AD).$$

En prenant sur la courbe d'autres points infiniment proches M, N..., en tirant les ordonnées et les cordes dans le cercle, on aura de même

$$EM = 2(AD - AO),$$
$$MN = 2(AO - AP).$$

En ajoutant toutes ces égalités et en réduisant, on obtient

$$arcFN = 2(AJ - AP).$$

On voit donc que *l'arc de cycloïde FN vaut le double de la différence des cordes AJ, AP du cercle générateur qui répondent aux ordonnées des extrémités de l'arc.*

Pour l'arc AF, partant du sommet A, on a simplement AF$=$2AJ, et *la demi-cycloïde* AB *vaut deux fois le diamètre* AC$=$4r.

3° Quadrature.

De deux points D, E (*fig.* 106) de la cycloïde abaissons des perpendiculaires DF, EG sur l'axe AC et DJ, EH sur la tangente AJ au sommet A. Tirons les cordes DE, KL, et abaissons encore du milieu M de DE les perpendiculaires MN, MO sur AC et AJ; il est clair que MN passe par le milieu P de KL.

Le trapèze DJHE ou DH$=$OM.JH$=$AN.DR, en prolongeant HE. Le trapèze LKGF ou LG$=$PN.GF.

Supposons maintenant que les points D, E soient infiniment proches. Alors la corde DE est tangente au point M et par conséquent parallèle à la corde AP du cercle. Les triangles DER, PAN sont donc semblables et l'on a la proportion

$$DR : PN = ER : AN,$$

d'où l'on infère

$$DR\ AN = PN.ER = PN.GF.$$

Ainsi les trapèzes *élémentaires* DH et LG sont équivalents, et il en résulte que tout l'espace extérieur DJA est équivalent au demi-segment circulaire LAF.

On conclut de là que *le demi-segment cycloïdal* DAF *est égal au rectangle* DJAF *moins le demi-segment circulaire* LAF.

Cette expression appliquée à l'espace BAC, compris entre la demi-cycloïde, l'axe et la directrice, fournit (§ 15)

$$BAC=BC.AC-\tfrac{1}{2}\pi r^2 = 2\pi r^2 - \tfrac{1}{2}\pi r^2 = \tfrac{3}{2}\pi r^2.$$

NOTE II.

QUADRATURE DE LA SPIRALE D'ARCHIMÈDE.

Il s'agit d'évaluer l'espace ABCD (*fig.* 107) compris entre un arc ACD de la courbe et le rayon vecteur AD.

Prolongeons le rayon vecteur jusqu'à la circonférence du rayon AE$=$r qui enveloppe la première spire ABCF (§ 16). D'après la nature de la courbe (*ib.*), AD est à r comme l'arc FGE et à la circonférence FGEF $=$2πr. On peut supposer la circonférence partagée en un nombre infini n de parties égales, et en représentant par m le nombre de ces parties renfermées dans l'arc FGE, on aura

$$\frac{AD}{r}=\frac{m}{n}.$$

En tirant le rayon AJ au $(m-1)^e$ point de division, les secteurs ADH et AEJ de la spirale et du cercle peuvent être considérés comme des triangles isoscèles, ayant pour côtés AD et AE. On a donc la proportion

$$\frac{ADH}{AEJ} = \frac{AD^2}{r^2} = \frac{m^2}{n^2},$$

d'où l'on tire, à cause de $AEJ = \frac{1}{n}\pi r^2$,

$$ADH = \pi r^2 \cdot \frac{m^2}{n^3}.$$

En faisant, dans cette formule, successivement $m = 1, 2, 3, \ldots m$, elle fournira tous les secteurs élémentaires de la spirale, depuis l'origine A jusqu'au point D, et en faisant la somme de ces valeurs on aura pour l'aire cherchée

$$ABCD = \frac{1}{n^3}\pi r^2 (1 + 4 + 9 + \ldots + m^2)$$

$$= \pi r^2 \frac{m(m+1)(2m+3)}{2 \cdot 3 \; n^3}$$

(*Alg.* § 136). Ce résultat est réductible, car par suite de la valeur infinie de n,

$$\frac{(m+1)(2m+3)}{n^2} = \frac{2m^2}{n^2} + \frac{5m}{n^2} + \frac{3}{n^2} = \frac{2m^2}{n^2}.$$

D'après cela on a

$$[1] \qquad\qquad ABCD = \tfrac{1}{3}\pi r^2 \cdot \frac{m^3}{n^3}.$$

En faisant $m = n$, on obtient l'aire de la première spire

$$ABCF = \tfrac{1}{3}\pi r^2 = \text{le tiers du cercle.}$$

L'équation [1] convient à toutes les valeurs de m, si on envisage l'espace cherché comme étant décrit par la rotation du rayon vecteur; mais il est visible qu'au delà de la 1e spire il y a *enroulement* et que les spires se superposent. En désignant les aires des spires consécutives par P, P′, P″,… et en prenant successivement $m = n, 2n, 3n,\ldots$ on aura

$$P = \tfrac{1}{3}\pi r^2,$$
$$P + P' = \tfrac{8}{3}\pi r^2, \qquad P' = \tfrac{7}{3}\pi r^2,$$
$$P + P' + P'' = \tfrac{27}{3}\pi r^2, \qquad P'' = \tfrac{19}{3}\pi r^2.$$

On infère aisément de ces équations que l'aire de la p^e spire a pour valeur

$$\tfrac{1}{3}\pi r^2 [p^3 - (p-1)^3].$$

NOTE III.

ÉQUATION ET RECTIFICATION DE LA SPIRALE LOGARITHMIQUE.

1° La *spirale logarithmique* est une courbe BDM (*fig.* 108) qui forme des angles égaux avec tous les rayons vecteurs AB, AC, AD etc. émanant d'un pôle A. Les diverses directions de la courbe sont représentées par les tangentes aux extrémités des rayons vecteurs. On suppose que l'angle constant n'est pas droit; car dans ce cas particulier il est évident que la courbe n'est autre chose qu'une circonférence.

A partir d'un point B de la courbe jusqu'au point M, imaginons un nombre infini de rayons vecteurs $AB=r$, $AC=r'$, $AD=r''$,... $AM=z$, formant entre eux n angles égaux et infiniment petits $BAC=CDE=$... $=u$. Les cordes BC, CD,... étant des tangentes, les angles ABC, ACD,... sont égaux par la nature de la courbe. Nous représenterons ces angles par a et nous supposerons $a < 90°$.

Les triangles semblables ABC, ACD, etc. donnent

$$r = r' \frac{\sin a}{\sin(a+u)}, \qquad r'' = r' \frac{\sin a}{\sin(a+u)},\dots$$

Ainsi les rayons vecteurs forment une progression géométrique décroissante, dont le premier terme est r et la raison $\frac{\sin a}{\sin(a+u)}$. Nous représenterons cette fraction par $\frac{1}{p}$, ce qui nous donnera

$$p = \frac{\sin(a+u)}{\sin a} = \cos u + \cot a \sin u.$$

Or l'angle u étant infiniment petit, $\cos u = 1$. Quant à $\sin u$, si on désigne par α l'arc du rayon 1 qui mesure l'angle BAM, on aura $\sin u = \frac{\alpha}{n}$. En introduisant ces valeurs on a

$$p = 1 + \frac{\alpha \cot a}{n}.$$

Le rayon z, qui est le $(n+1)^e$ terme de la progression, est exprimé par

$$z = \frac{r}{p^n}.$$

d'où l'on tire

$$p^n = \frac{r}{z}.$$

En appliquant à cette équation les logarithmes népériens (*Alg.* § 200), on obtient

$$Lr - Lz = nLp = nL\left(1 + \frac{\alpha\cot a}{n}\right)$$

$$= n\left(\frac{\alpha\cot a}{n} - \frac{1}{2}\frac{\alpha^2\cot^2 a}{n^2} + \ldots\right)$$

$$= \alpha\cot a - \frac{1}{2}\frac{\alpha^2\cot^2 a}{n} + \ldots$$

A cause de $n = \infty$, le second membre se réduit à son premier terme et on a ainsi pour l'équation de la courbe

$$Lr - Lx = \alpha\cot a.$$

2° On parvient à la rectification de l'arc BM en observant que, par la similitude des triangles, les cordes BC, CD etc., qui composent l'arc, constituent une progression géométrique de même raison que les rayons vecteurs. En effet, on a

$$BC = r'\frac{\sin u}{\sin a}, \qquad CD = r'\frac{\sin u}{\sin(a + u)},$$

$$CD = BC\frac{\sin a}{\sin(a + u)} = BC\frac{1}{p}.$$

D'ailleurs le premier terme BC de cette progression vaut

$$BC = r\frac{\sin u}{\sin(a + u)} = r\frac{\sin u}{p\sin a},$$

et on a trouvé plus haut $\frac{1}{p^n} = \frac{z}{r}$. En introduisant ces valeurs dans la formule connue (*Alg.* § 130), on aura, après réduction, pour l'arc BM, somme de la progression,

$$BM = \frac{(r - z)\sin u}{(p - 1)\sin a}.$$

Or $\sin u = \frac{\alpha}{n}$ et $p - 1 = \frac{\alpha\cot a}{n}$; donc

$$BM = \frac{r - z}{\cos a}.$$

Ce résultat est extrêmement facile à construire. On prend (*fig.* 109) sur AB $= r$ la longueur AN $=$ AM $= z$; on mène NR perpendiculaire à AB et BR tangente à la courbe. L'hypoténuse BR du triangle NBR est égale à l'arc BM de la spirale; car on a

$$BR = \frac{NB}{\cos B} = \frac{r - z}{\cos a}.$$

EXERCICES SUR LA GÉOMÉTRIE ANALYTIQUE.

1ᵉ SÉRIE. PROPOSITIONS SUR LA LIGNE DROITE ET LE CERCLE.

THÉORÈMES.

1. Dans tout triangle les trois médianes se croisent en un point (le centre de gravité)..

2. Même propriété pour les trois perpendiculaires aux milieux des côtés (le centre du cercle circonscrit).

3. Même propriété pour les trois hauteurs.

4. Dans tout triangle, le point de croisement des hauteurs, le centre de gravité et le centre du cercle circonscrit sont en ligne droite, et la distance des deux premiers points est double de celle des deux autres.

5. Dans un cercle la somme des carrés des quatre segments de deux cordes rectangulaires est égale au carré du diamètre.

PROBLÈMES.

6. Mener par deux points donnés une droite qui soit également inclinée sur deux droites connues.

7. Deux points et une droite étant donnés, mener par ces points deux autres droites qui aillent se couper sur la première sous un angle proposé.

8. Mener une tangente commune à deux cercles donnés.

9. Trouver la ligne décrite par le sommet d'un angle connu dont les côtés sont assujettis à passer par deux points donnés.

10. Déterminer le lieu géométrique des sommets des triangles construits sur une même base et dont le rapport des deux autres côtés est constant.

11. D'un pôle A on mène des rayons vecteurs AB terminés dans une circonférence donnée, et on prend sur ces rayons des points M tels que le rapport AM : AB soit toujours égal à un nombre proposé. On demande le lieu des points M.

12. Même question en remplaçant le rapport constant par un produit connu.

13. On demande le lieu des points d'où on peut mener des tangentes égales à un cercle connu.

14. Déterminer la ligne décrite par le sommet d'un angle connu dont les côtés touchent constamment un cercle donné.

15. Trouver l'équation de la ligne décrite par le sommet d'un angle droit qui se meut de manière qu'un côté passe toujours par un point donné et que l'autre touche continuellement un cercle donné.

16. Un polygone quelconque étant donné, on demande le lieu des points dont la somme des carrés des distances à tous les sommets est égale à un carré donné.

2e SÉRIE. EXERCICES SUR LES SECTIONS CONIQUES.

PROBLÈMES.

17. Trouver le lieu géométrique des milieux des cordes tirées dans une ellipse par un point donné sur la courbe.

Même question pour les autres coniques.

On peut supposer le pôle hors de la courbe.

18. Déterminer le lieu des points dont les distances à deux droites connues forment un produit constant et donné.

La ligne cherchée est une hyperbole.

19. Même question en remplaçant le produit des distances par la somme invariable et connue de leurs carrés.

La ligne cherchée est une ellipse.

20. Même question en remplaçant le produit des distances par la différence connue des carrés.

La ligne cherchée est une hyperbole équilatère.

21. Les extrémités d'une droite d'une longueur connue sont assujetties à glisser sur les côtés d'un angle donné. On demande la ligne décrite dans ce mouvement par un point déterminé de la droite.

La ligne cherchée est une ellipse dont le centre est au sommet de l'angle. Quand l'angle est droit, les demi-axes sont les parties de la droite mobile.

22. Quatre règles a, a, b, b (*fig.* 110) sont assemblées en parallélogramme ABCD, à angles variables (les règles sont mobiles autour des articulations A, B, C, D). Deux des règles sont prolongées de deux quantités BE$=b$ et DF$=a$; d'où il résulte visiblement que les trois points E, A, F sont toujours en ligne droite.

En supposant que l'assemblage tourne autour du point A de manière que les points E, F soient maintenus sur une règle fixe LAM, on demande la ligne tracée par la pointe d'un style placée au sommet C.

La ligne cherchée est une ellipse dont le pivot A est le centre. Le grand axe, situé sur la règle, vaut $2(a+b)$ *et l'autre est égal à* $2(a-b)$.

Ce petit appareil est très-commode pour décrire l'ellipse d'un mouvement continu.

23. Trouver la ligne décrite par le sommet d'un angle connu ; dont les côtés touchent constamment une parabole donnée. .

La ligne cherchée est généralement une hyperbole, mais quand l'angle est droit, c'est la directrice.

24. On demande la ligne décrite par le sommet d'un angle droit, mobile, dont les côtés touchent continuellement une ellipse ou une hyperbole donnée.

Les deux lignes demandées sont des circonférences.

25. Trouver le lieu des sommets des triangles construits sur une même base donnée et dont les angles à la base sont doublés l'un de l'autre.

26. Déterminer le lieu des centres de gravité des triangles de même base et d'égal angle au sommet.

27. Trouver le lieu des centres de gravité des triangles équivalents qui ont un angle commun.

28. Déterminer le lieu des points qui divisent en moyenne et extrême raison les droites menées par un pôle donné et terminées dans les côtés d'un angle connu.

29. Trouver l'équation de la CASSINOÏDE. Cette courbe est telle que le produit des distances de chacun de ses points à deux foyers, situés dans le plan de la courbe, est constamment égal à un carré donné a^2.

La courbe prend des formes très-différentes, suivant les rapports que l'on établit entre a et la demi-distance focale b.

Si a est $> b\sqrt{2}$, la courbe ressemble à l'ellipse.

A partir de $a = b\sqrt{2}$ jusqu'à $a = b$, la courbe s'échancre de plus en plus dans le sens de la perpendiculaire au milieu de la distance focale, ou du *centre*.

Quand $a = b$, il se forme un nœud au centre et la ligne devient un *huit*, plus régulier que la lemniscate (§ 23).

Enfin si a est $< b$, la ligne se divise en deux anneaux symétriques, qui entourent les foyers.

La courbe a été imaginée par *Jean-Dominique Cassini*, célèbre astronome italien qui florissait au 17e siècle. Il croyait, à tort, que cette ligne devait être substituée à l'ellipse pour représenter les orbites des planètes.

30. Trouver l'équation des sections planes de l'ellipsoïde allongé (§§ 159 et 169).

31. Trouver l'équation des sections planes de l'hyperboloïde engendré par la révolution d'une demi-branche d'hyperbole autour de l'axe transverse (§ 169).

32. Déterminer l'équation générale des spiriques (§ 17), c'est-à-dire des sections planes des surfaces rondes dont la génératrice est un arc de cercle (§ 169).

33. *Faire passer une ellipse ou une hyperbole par cinq points et une parabole par quatre points donnés.*

En divisant tous les termes par le coëfficient de y^2, l'équation du second degré à deux variables prend la forme

$$y^2 + axy + bx^2 + cy + dx + e = 0.$$

Les constantes a, b, c, d, e étant au nombre de cinq, il faut généralement *cinq conditions* pour déterminer la ligne ; mais dans le cas particulier de la parabole, les trois premiers termes de l'équation forment une carré, et on a pour première relation $a = 2\sqrt{b}$, ce qui réduit à *quatre* le nombre des conditions de l'énoncé.

Pour résoudre la question posée, on introduit successivement dans l'équation les valeurs connues des coordonnées des cinq (ou quatre) points, et l'on a un système de cinq équations dont les inconnues sont a, b, c, d et e. Pour plus de simplicité, on peut faire passer les axes par quatre des points donnés ou par trois seulement, en en prenant un pour origine.

Il n'est pas bien difficile de déduire des trois théorèmes suivants une solution graphique du problème.

On peut remplacer un ou plusieurs des points donnés par autant de *droites à toucher* par la conique. Dans ce cas il faut établir l'équation de tangence pour chacune des droites (§ 56).

Théorèmes.

34. Dans l'ellipse et dans l'hyperbole la droite CD (*fig.* 111) qui joint le point C de concours de deux tangentes au milieu D de la corde AB des points de contact, passe par le centre O ; et le demi-diamètre OE situé sur la centrale CDO est moyen proportionnel entre OC et OD.

Dans la parabole la droite CD est parallèle à l'axe.

La démonstration est très-simple quand on prend pour axes le diamètre parallèle à la corde AB et son conjugué.

35. Si d'un pôle A (*fig.* 112) on mène des tangentes AB, AC à une conique ; des sécantes telles que AD, AE et si on mène la droite FG par les points de contact B, C, les propriétés suivantes ont lieu :

1° Les tangentes aux extrémités de chaque corde JD concourent sur la droite FG.

2° Les droites JL et ED, JE et LD qui joignent les extrémités de deux cordes, se croisent également sur la droite FG.

3° La droite FG divise chaque corde JD en deux parties proportionnelles aux distances AJ, AD ; c'est-à-dire que l'on a la proportion

$$\text{JM} : \text{MD} = \text{AJ} : \text{AD}.$$

La seconde propriété fournit un moyen extrêmement simple de con-

struire avec la règle seule les tangentes à une conique par un point A donné hors de la courbe. On tire deux sécantes AD, AE ; on joint les extrémités des cordes par quatre droites qui se coupent en deux points de FG, etc.

36. Le produit AB.AC (*fig.* 113) des deux parties d'une tangente BC à l'ellipse, comprises entre le point de contact et deux diamètres conjugués prolongés OB, OC, est égal au carré du demi-diamètre OD parallèle à la tangente.

Le théorème a également lieu pour l'hyperbole.

Problèmes graphiques.

37. Décrire une ellipse (ou une hyperbole) dont on connaît un foyer et trois tangentes (§ 111).

38. Construire une ellipse (ou une hyperbole), connaissant le centre, la longueur du grand axe et deux tangentes (ib.).

39. Tracer une ellipse (ou une hyberbole), connaissant le centre, la longueur du grand axe, une tangente et son point de contact (ib.).

(§§ 86, 148 et 111.) *Construire une hyperbole, connaissant un des foyers, une asymptote et*

40. 1° La longueur du 1er axe.

41. 2° Le rapport des axes.

42. 3° Une tangente.

43. Tracer une hyperbole dont on connaît une asymptote et trois points (§ 151).

44. Décrire une parabole connaissant le foyer et deux tangentes (§ 112).

45. Construire une parabole dont on connaît le foyer, un point et une tangente.

46. Décrire une ellipse qui touche en leurs milieux les quatre côtés d'un parallélogramme donné.

47. Construire une ellipse qui touche en leurs milieux les trois côtés d'un triangle donné.

FIN.

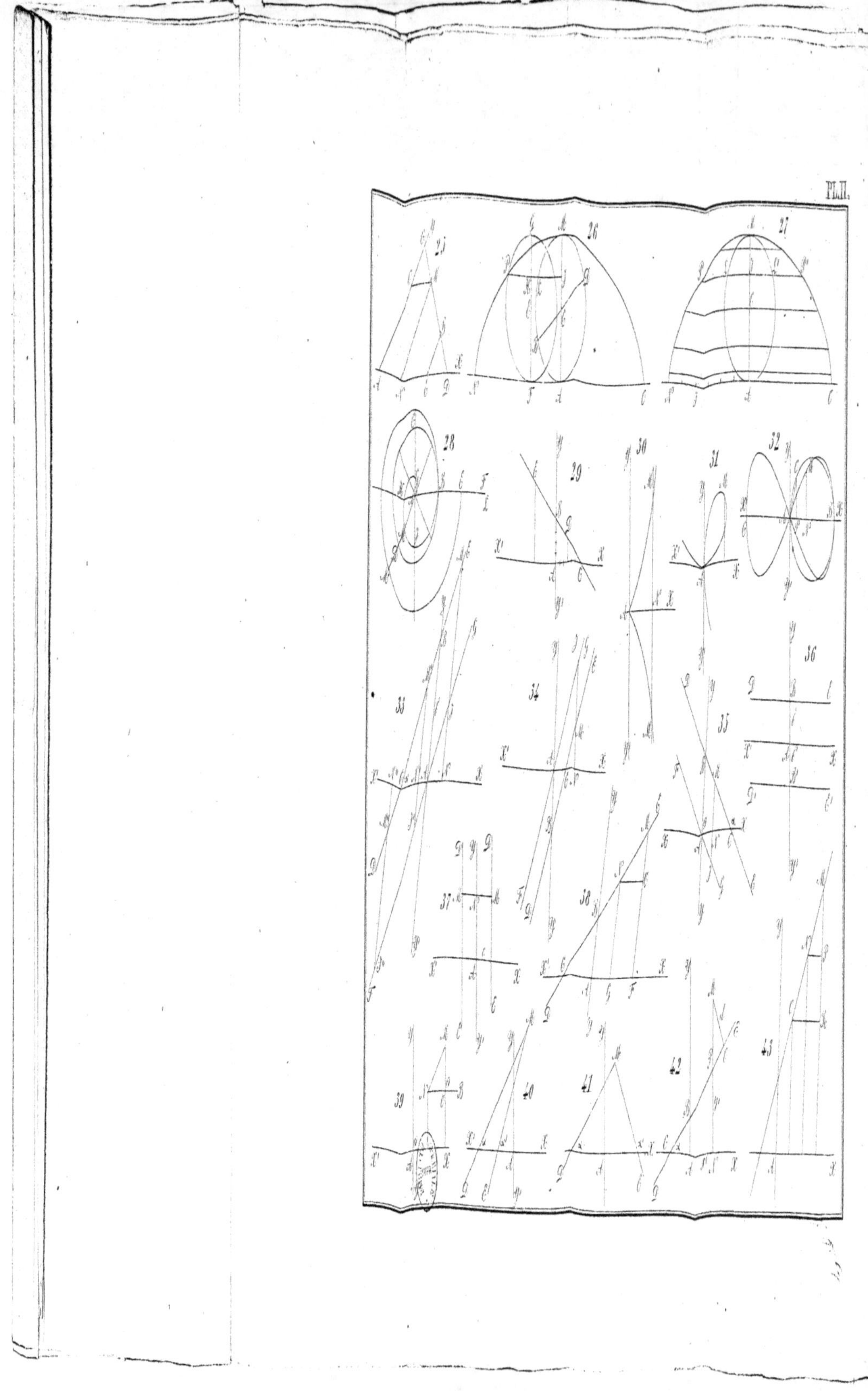

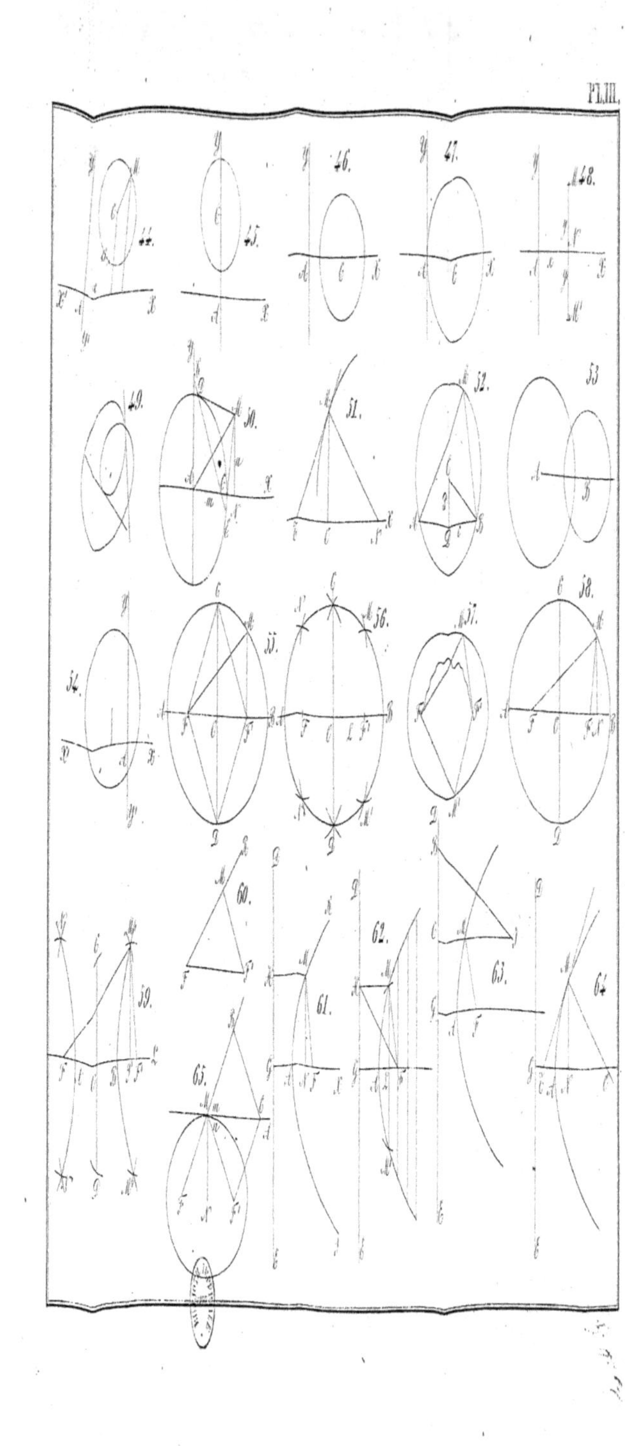

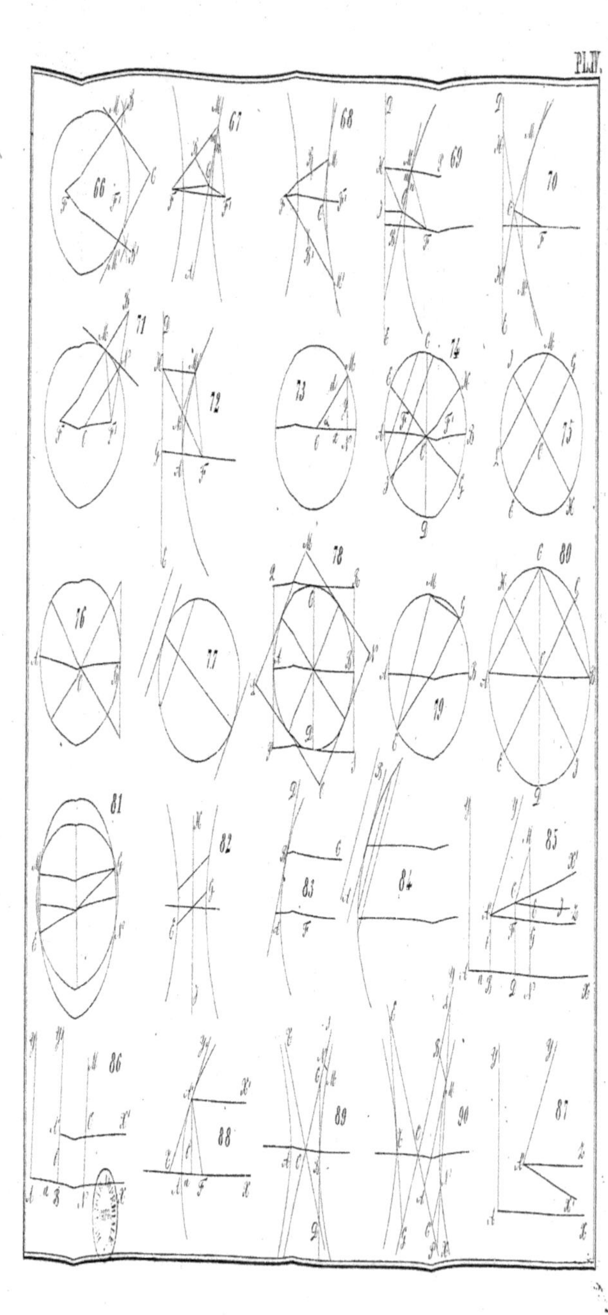

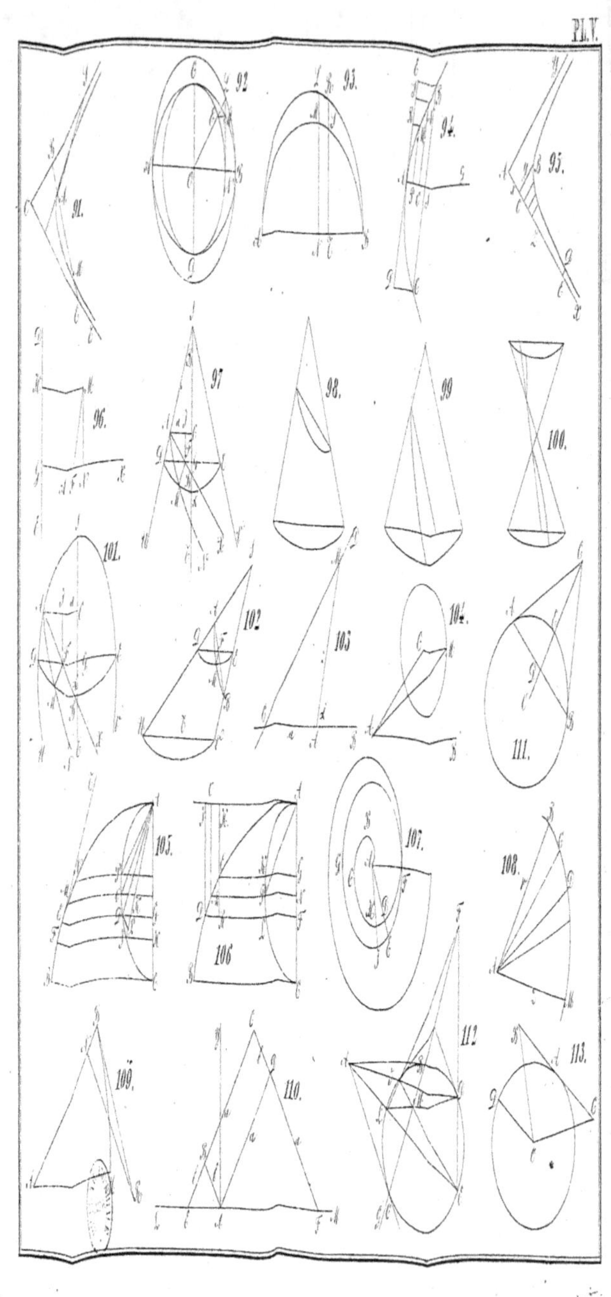

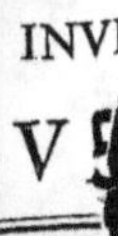

Ce *Cours de Mathématiques* se compose de cinq volumes, qui se vendent séparément et qui comprennent :

L'*Arithmétique raisonnée et appliquée*,

L'*Algèbre élémentaire*,

La *Géométrie élémentaire*,

La *Trigonométrie rectiligne et sphérique*,

La *Géométrie analytique plane*.